水上溢油应急决策支持技术

主　编　陈荣昌

副主编　刘　晨

人民交通出版社股份有限公司

北　京

内 容 提 要

本书主要论述了水上溢油事故及危害、水上溢油应急能力及决策流程、应急决策支持系统总体框架、多属性决策支持数据库的构建以及典型决策支持与调度指挥平台研发等内容。

本书适合从事水上溢油事故应急处置的海事、港口、航运、救助打捞、科研院校以及其他相关单位的从业人员和科研人员阅读及参考。

图书在版编目(CIP)数据

水上溢油应急决策支持技术／陈荣昌主编
. — 北京：人民交通出版社股份有限公司，2023.8
ISBN 978-7-114-18713-1

Ⅰ.①水… Ⅱ.①陈… Ⅲ.①海上溢油—应急对策—研究 Ⅳ.①X55

中国国家版本馆 CIP 数据核字(2023)第 055559 号

Shuishang Yiyou Yingji Juece Zhichi Jishu
书 名：水上溢油应急决策支持技术
著 作 者：陈荣昌
责任编辑：司昌静
责任校对：孙国靖 刘 璇
责任印制：张 凯
出版发行：人民交通出版社股份有限公司
地 址：(100011)北京市朝阳区安定门外外馆斜街 3 号
网 址：http：// www.ccpcl.com.cn
销售电话：(010)59757973
总 经 销：人民交通出版社股份有限公司发行部
经 销：各地新华书店
印 刷：北京虎彩文化传播有限公司
开 本：720×960 1/16
印 张：7
字 数：116 千
版 次：2023 年 8 月 第 1 版
印 次：2023 年 8 月 第 1 次印刷
书 号：ISBN 978-7-114-18713-1
定 价：79.00 元
(有印刷、装订质量问题的图书，由本公司负责调换)

编　写　组

主　编：陈荣昌

副主编：刘　晨

编　委：(按姓氏笔画排序)

王志霞　　王宏光　　王梦佳　　石　敬

兰　儒　李子超　李　静　　张雄平

陈俊峰　赵　前　钱军洪　薛青青

前言

　　水上溢油是水域环境风险事故的主要形式,主要源自四种情况:一是船舶的燃料油舱破损造成燃油泄漏,二是油轮货舱破损造成载运的原油、成品油泄漏,三是海上石油平台原油泄漏,四是岸边石油储存设施泄漏。2015 年至 2020 年,中国原油进口量分别为 3.36 亿吨、3.81 亿吨、4.19 亿吨、4.62 亿吨、5.06 亿吨、5.42 亿吨,呈连续增长趋势。用于原油、成品油、动植物油及部分化工品等液体散货运输的油轮曾经长期是海运船舶中吨位占比最大的船型,2010 年才被散货船超过,现为第二大船型。油轮代表船型主要为 3 万 ~ 6 万吨级的灵便型、6 万 ~ 8 万吨级的巴拿马型、8 万 ~ 12 万吨级的阿芙拉型、12 万 ~ 20 万吨级的苏伊士型、20 万 ~ 30 万吨级的巨型油轮(VLCC) 以及 30 万吨级以上的超巨型油轮(ULCC) 。目前,全世界 VLCC 和 ULCC 保有量超过 500 艘。我国原油进口量持续增长及油轮船型大型化趋势,有可能导致潜在水上溢油事故规模的扩大以及事故后果严重程度的加重。

　　美国墨西哥湾漏油事故、大连"7·16"污染事故、蓬莱 19-3 油田溢油事故、"河北精神"号溢油事故、"交响乐"号溢油事故等重大海洋污染事故的发生,对海洋环境造成了严重损害,给人类敲响了警钟。因此,全社会对重大海洋污染事故的关注度越来越高,海洋环境的保护意识越来越强,对于事故可能造成的危害越来越担忧。这些事故对水上溢油应急处置技术也提出了更高的要求。由此可知,加强应急决策支持,对于提高水上溢油事故应急处置能力和技术水平是非常必要的。

　　本书主要对水上溢油应急决策支持技术开展了相关的研究。第一章论述水上溢油事故及危害;第二章论述水上溢油应急能力及决策流程;第三章论述应急决策支持系统总体框架;第四章论述多属性决策支持数据库的构建;第五章论述典型决策支持与调度指挥平台研发;第六章论述了相关技术的成效及展望。

本书得到了"智能化水面溢油处理平台及成套装备研制"项目的"海上重大溢油事故应急调度指挥集成技术研究"课题(2012BAC14B07)、"长江水运安全风险防控技术与示范"项目的"危险货物船舶运输安全控制与应急技术"课题(2015BAG20B03)以及交通运输部水运科学研究院科研项目"溢油及危化品事故应急决策相关技术及支撑资源整合集成研究""水运污染风险防控数据平台研发""冰上丝绸之路船舶溢油应急多边协同决策技术与应用系统研究"等重点科研项目的大力支持。

本书系统平台的研发依托水路运输污染防治和重特大事故应急技术示范型国际科技合作基地及交通运输部水运科学研究院溢油及危化品事故应急决策技术支持平台的科研资源。此外,感谢北京元大兴业信息有限公司和上海地听信息科技有限公司协助完成系统平台的编程测试及网络部属等工作。

水上溢油应急决策支持技术的研究涉及诸多学科领域,本书只涉及其中一部分的内容,书中难免有不足之处,还望读者给予批评指正。

作　者
2022 年 3 月于北京

目录

第一章

水上溢油事故及危害

第一节　水路运输概况

一、航道和泊位

1. 内河航道

我国的内河船舶主要在"两横一纵两网十八线"通航水域航行、停泊和作业。其中,"两横"为长江干线和西江航运干线;"一纵"为京杭运河;"两网"为长江三角洲高等级航道网和珠江三角洲高等级航道网;"十八线"为长江水系"十线"、珠江水系"三线"、京杭运河与淮河水系"二线"、黑龙江和松辽水系"二线"、其他水系(闽江)"一线"。

截至 2020 年末,全国内河航道通航里程 12.77 万 km,各等级内河航道通航里程分别为:一级航道 1840km,二级航道 4030km,三级航道 8514km,四级航道 11195km,五级航道 7622km,六级航道 17168km,七级航道 16901km;等外航道里程 6.04 万 km。各水系内河航道通航里程分别为:长江水系 64736km,珠江水系 16775km,黄河水系 3533km,黑龙江水系 8211km,京杭运河 1438km,闽江水系 1973km,淮河水系 17472km❶。2016—2020 年全国内河航道通航里程如图 1-1 所示。

2. 泊位等级和数量

2020 年末,全国港口生产用码头泊位 22142 个,其中,沿海港口生产用码头

---

❶ 交通运输部《2020 年交通运输行业发展统计公报》,2021 年。

泊位 5461 个,内河港口生产用码头泊位 16681 个。2020 年末,全国港口万吨级及以上泊位 2592 个,其中,沿海港口万吨级及以上泊位 2138 个,内河港口万吨级及以上泊位 454 个。全国港口万吨级以上泊位数量情况如图 1-2 所示。

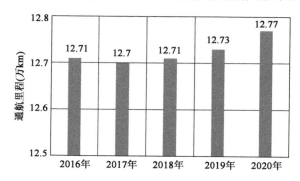

图 1-1　2016—2020 年全国内河航道通航里程

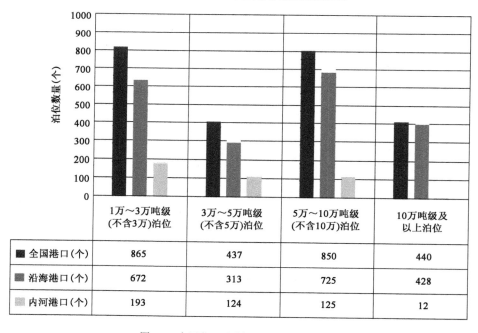

	1万~3万吨级 (不含3万)泊位	3万~5万吨级 (不含5万)泊位	5万~10万吨级 (不含10万)泊位	10万吨级及 以上泊位
■ 全国港口(个)	865	437	850	440
■ 沿海港口(个)	672	313	725	428
□ 内河港口(个)	193	124	125	12

图 1-2　全国港口万吨级以上泊位数量情况

2020 年末,全国万吨级及以上泊位中,专业化泊位 1371 个,通用散货泊位 592 个,通用件杂货泊位 415 个。全国万吨级以上液体散货泊位(原油、成品油、液体化工)共 473 个。全国万吨级及以上泊位构成情况如图 1-3 所示。

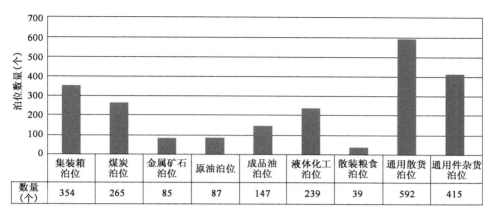

图 1-3 全国万吨级及以上泊位构成情况

数量(个)	354	265	85	87	147	239	39	592	415
	集装箱泊位	煤炭泊位	金属矿石泊位	原油泊位	成品油泊位	液体化工泊位	散装粮食泊位	通用散货泊位	通用件杂货泊位

二、船舶拥有量

2020 年末,全国拥有水上运输船舶 12.68 万艘,净载重量 27060.16 万 t,载客量 85.99 万客位,集装箱箱位 293.03 万标准箱(TEU)。2016—2020 年全国水上运输船舶数量和净载重吨变化趋势如图 1-4 所示。

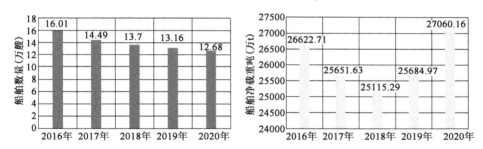

图 1-4 2016—2020 年全国水上运输船舶数量和净载重吨变化趋势

从水上船舶的构成情况来看,内河运输船舶占全国船舶总数量的 90.66%,占全国船舶总净载重量的 50.5%;沿海运输船舶占全国船舶总数量的 8.16%,占全国船舶总净载重量的 29.3%;总远洋运输船舶占全国船舶总数量的1.18%,占全国船舶总净载重量的 20.2%。全国水上船舶构成情况(按航区分)见表 1-1。

全国水上船舶构成情况(按航区分) 表 1-1

航 区	指 标	单 位	实 绩
内河运输船舶	数量	万艘	11.5
	净载重量	万 t	13673.02

续上表

航 区	指 标	单 位	实 绩
内河运输船舶	载客量	万客位	60.07
	集装箱箱位	万 TEU	51.31
沿海运输船舶	数量	万艘	1.0352
	净载重量	万 t	7929.83
	载客量	万客位	23.63
	集装箱箱位	万 TEU	60.91
远洋运输船舶	数量	万艘	0.1499
	净载重量	万 t	5457.3
	载客量	万客位	2.29
	集装箱箱位	万 TEU	180.8

三、港口货物吞吐量

2020年度,全国港口完成货物吞吐量 145.50 亿 t,其中,内河港口完成 50.70亿 t,沿海港口完成 94.80 亿 t。

从 2020 年港口吞吐量的货类情况来看,煤炭及制品类货物吞吐量为 25.56 亿 t,石油、天然气及制品类货物吞吐量为 13.10 亿 t,金属矿石类货物吞吐量为 23.41 亿 t,集装箱类货物吞吐量为 2.64 亿 TEU(其中沿海为 2.34 亿 TEU)。

第二节 溢油事故概述

一、溢油事故概况

在世界范围内,几乎每年都要发生一次泄漏量在万吨以上的油轮溢油事故[1],因油轮溢油事故进入海洋的石油每年约为 39 万 t[2]。据 1973—2007 年资料统计,我国沿海共发生大小船舶溢油事故 2742 起,其中溢油 50t 以上的重大船舶溢油事故共 79 起,总溢油量达 37887t。

---

[1] 杨昊炜,柴田.浅谈溢油污染对海洋环境的危害[J].天津航海,2007(4):13-15.
[2] 王传远,贺世杰,李延太,等.中国海洋溢油污染现状及其生态影响研究[J].海洋科学,2009,33 (6):57-60.

按发生地点,溢油事故可分为船舶风险事故和码头操作性风险事故两类。溢油事故分类如图 1-5 所示。船舶溢油事故按发生时间,还可分为锚地锚泊、航道航行、码头停靠(进行装卸作业)及靠离泊作业等溢油事故。

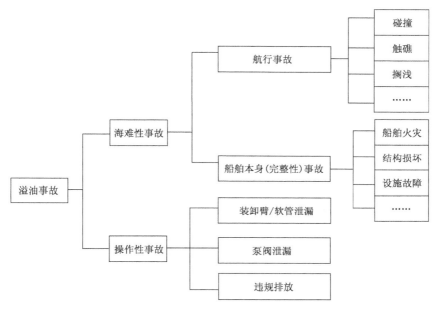

图 1-5 溢油事故分类

二、溢油事故数量

1. 溢油量大的事故

据国际油轮船东污染联合会(International Tanker Owner Pollution Federation,ITOPF)统计❶,自 1967 年"托利坎荣"号(Torrey Canyon)油轮发生溢油事故以来,泄漏量最大的事故主要发生在 1967 年至 1996 年,单起事故泄漏量从 6.7 万 t 至 28.7 万 t,总量达 256.1 万 t,详见表 1-2。其中,"桑吉"轮事故是 20 起事故中唯一的非持久性油类泄漏事故,与其他货油泄漏事故相比,该次事故的环境影响相对较小。除此以外,表 1-2 种也列出了"威望"轮、"埃克森·瓦尔迪兹"轮、"河北精神"轮等产生重大影响的溢油事故。

---

❶ ITOPF, Oil Tanker Spill Statistics 2020.

溢油量大的事故情况 表 1-2

序号	船　名	年份	事　故　位　置	溢油量(t)
1	"大西洋女皇"号	1979	Off Tobago, West Indies	287000
2	"ABT夏日"号	1991	700 nautical miles off Angola	260000
3	"卡斯蒂利亚·德·贝尔弗"号	1983	Off Saldanha Bay, South Africa	252000
4	"阿莫科·卡迪斯"号	1978	Off Brittany, France	223000
5	"哈芬"号	1991	Genoa, Italy	144000
6	"奥德赛"号	1988	700 nautical miles off Nova Scotia, Canada	132000
7	"托利坎荣"号	1967	Scilly Isles, UK	119000
8	"海星"号	1972	Gulf of Oman	115000
9	"桑吉"轮	2018	Off Shanghai, China	113000
10	"IRENES SERENADE"号	1980	Navarino Bay, Greece	100000
11	"乌尔奎拉"号	1976	La Coruna, Spain	100000
12	"夏威夷爱国者"号	1977	300 nautical miles off Honolulu	95000
13	"独立"号	1979	Bosphorus, Turkey	95000
14	"雅各布·马士基"号	1975	Oporto, Portugal	88000
15	"布雷尔"号	1993	Shetland Islands, UK	85000
16	"爱琴海"号	1992	La Coruna, Spain	74000
17	"海皇后"号	1996	Milford Haven, UK	72000
18	"哈克5"号	1989	120 nautical miles off Atlantic coast of Morocco	70000
19	"新星"号	1985	Off Kharg Island, Gulf of Iran	70000
20	"凯蒂娜·P"号	1992	Off Maputo, Mozambique	67000
21	"威望"轮	2002	Off Galicia, Spain	63000
22	"埃克森·瓦尔迪兹"轮	1989	Prince William Sound, Alaska, USA	37000
23	"河北精神"轮	2007	Republic of Korea	11000

2. 溢油事故数量变化

ITOPF 将溢油事故按泄漏量分为大型（>700t）、中型（7~700t）和小型（<7t）。从 19 世纪 70 年代以来的溢油事故记录来看,80% 的溢油事故为泄漏量不到 7t 的小型事故。泄漏量超过 700t 的大型事故在过去的 50 多年时间里呈现显著下降趋势。对于中型和大型溢油事故,2010—2019 年的年平均溢油事故量已经下降到了 1.8 起,是 1970—1979 年的年平均溢油事故量的 1/10。1970—2020 年,中型事故和大型事故总计发生了 1847 起,其中大型事故 466 起。中型

和大型溢油事故发生起数变化趋势如图 1-6 所示。

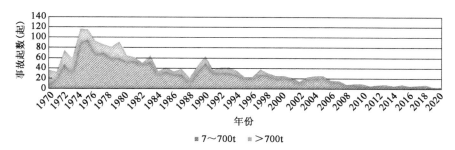

图 1-6 中型和大型溢油事故发生起数变化趋势(1970—2020 年)

3.溢油事故泄漏量变化

ITOPF 统计了 7t 以上的中型和大型溢油事故的年度泄漏量,7t 以下的小型事故由于数据不完整而未统计在内。1970—2020 年,全球由于油轮溢油事故而泄漏入海的石油已达 586 万 t,如图 1-7 所示。

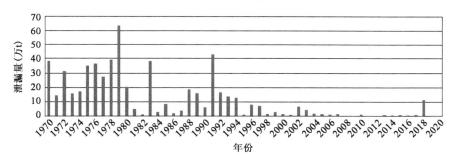

图 1-7 溢油事故泄漏量变化趋势(1970—2020 年)

三、溢油事故致因

1.直接致因

（1）事故致因类型分析

船舶发生溢油事故的直接致因有 7 类,分别为碰撞、搁浅、船体破损、设备故障、火灾爆炸、其他及未知原因。ITOPF 的统计分析表明,1970—2020 年发生的 466 起大型溢油事故(＞700t)原因占比排序前四位的是搁浅(占 32%)、碰撞(占 30%)、船体破损(占 13%)和火灾爆炸(占 11%),占比合计 86%,其余 14% 的原因包括设备故障(占 4%)、其他原因(占 7%)和未知原因(占 3%)。中型溢油事故(7～700t)致因占比排序前五位的则是碰撞(占 26%)、搁浅(占

20%）、设备故障（占15%）、未知原因（占15%）和其他原因（占13%），占比合计89%。可见，在泄漏量大于7吨的大中型溢油事故中，搁浅和碰撞是溢油事故的主要致因。

事故直接致因分析如图1-8所示。

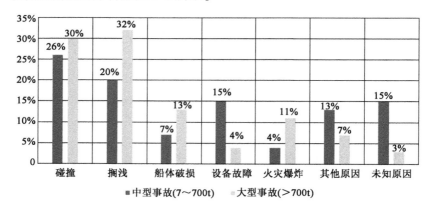

图1-8 事故直接致因分析

（2）船舶发生溢油事故时的作业状态分析

船舶发生溢油事故时的作业状态可分为装卸作业、加油作业、锚泊于内河或封闭水域、锚泊于开放水域、航行于内河或封闭水域、航行于开放水域、其他作业及未知作业8种状态。1970—2020年大型溢油事故发生时的船舶作业状态见表1-3。由于中型溢油事故的信息不完整，因此发生溢油事故时的作业状态简化为装卸作业、加油作业、其他作业和未知作业4种，其中其他作业状态包括压载、卸压载、清舱以及航行中。1970—2020年中型溢油事故发生时的船舶作业状态见表1-4。溢油事故发生时的船舶作业状态比例情况如图1-9和图1-10所示。

大型溢油事故发生时的船舶作业状态（1970—2020年） 表1-3

事故致因	作 业 状 态							
	锚泊于内河或封闭水域	锚泊于开放水域	航行于内河或封闭水域	航行于开放水域	装卸作业	加油作业	其他作业及未知作业	合计
碰撞	7	5	35	67	2	0	23	139
搁浅	5	1	46	68	2	0	28	150
船体破损	2	1	0	49	0	0	8	60
设备故障	0	0	0	6	11	0	1	18
火灾爆炸	2	2	0	25	13	1	9	53

续上表

事故致因	作业状态							
	锚泊于内河或封闭水域	锚泊于开放水域	航行于内河或封闭水域	航行于开放水域	装卸作业	加油作业	其他作业及未知作业	合计
其他原因	2	0	0	16	8	0	7	33
未知原因	0	0	0	1	6	0	6	13
合计	18	9	82	232	42	1	82	466

中型溢油事故发生时的船舶作业状态（1970—2020 年） 　　表 1-4

事故致因	作业状态				
	装卸作业	加油作业	其他作业	未知作业	合计
碰撞	5	0	61	300	366
搁浅	0	0	27	244	271
船体破损	37	4	15	45	101
设备故障	148	7	18	39	212
火灾爆炸	9	0	15	26	50
其他原因	98	13	39	28	178
未知原因	99	9	14	81	203
合计	396	33	189	763	1381

由表 1-3 可见，对于大型溢油事故，碰撞和搁浅引发的溢油事故主要发生在航行期间，分别占此类事故起数的 73.4% 和 76.0%；船体破损引发的溢油事故主要发生在开放水域的航行期间，占此类事故起数的 81.7%；设备故障、火灾爆炸和其他原因引发的溢油事故主要发生在开放水域航行和装卸作业期间，分别占此类事故起数的 94.4%、71.7% 和 72.7%。在锚泊和航行期间最可能发生的事故类型是碰撞和搁浅，装卸作业期间最可能发生的事故类型是设备故障、火灾爆炸和其他原因。由表 1-4 可见，对于中型溢油事故，碰撞和搁浅引发的溢油事故主要发生在其他作业和未知作业过程中，分别占此类事故起数的 98.6% 和 100%；设备故障引发的溢油事故则主要发生在装卸作业期间，占此类事故起数的 69.8%。

由图 1-9 和图 1-10 可见，大型溢油事故多发生在船舶航行过程中，其中有 49.79% 的事故发生于开放水域航行期间，有 17.6% 的事故发生于内河或封闭水域航行期间。对于中型溢油事故，事故发生时的船舶作业状态不明。

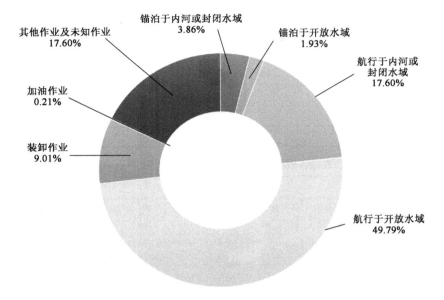

图 1-9　大型溢油事故时的船舶作业状态(1970—2020 年)

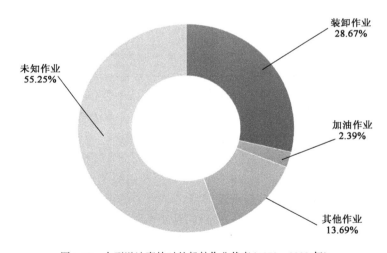

图 1-10　中型溢油事故时的船舶作业状态(1970—2020 年)

2.间接致因

　　船舶、环境和人为三方面的风险因素是船舶发生搁浅、碰撞、船体损坏等海难性泄漏事故、操作性泄漏事故和违规排放污染物的间接原因。

（1）船舶因素

船龄因素。船舶建造年代或服役期的长短,间接反映船舶制造的技术水平、设备可靠性、船舶自动化程度等船舶状态指标。船龄越大,建造技术水平往往越落后于越来越严格的船舶溢油防治的要求,加上船舶各种设备的老化、技术状态不佳,发生溢油事故的可能性相对较大。

吨位因素。小吨位船舶与大吨位船舶相比,溢油事故发生频率高,但大吨位船舶发生溢油事故的危害后果大。吨位对于船舶溢油风险的影响更体现在吨位大小对于船舶运动性能、操作性能的影响上。

船舶技术状态因素。适航性、可操作性、自动化程度等技术状态良好的船舶,对船舶事故的规避能力较强,发生事故的概率低。另外,船舶的日常维护和保养不充足,将直接影响其结构强度、设备技术状态,导致油舱和管路腐蚀损坏,增加溢油事故发生的可能性。

（2）环境因素

能见度、风、波浪、潮流等气象海况因素。能见度不良对船舶的交通安全和交通效率的影响很大,在气象原因引起的海难中,由雾引起的船舶交通事故占31.4%,是台风引发事故的2倍❶。大风能够导致船舶走锚、偏航、摇摆、操纵受限等危险,从而导致各类船舶事故。虽然油船抵御风浪的能力随着油船制造水平的提高而增强,但波浪对油船安全的影响仍不可低估,波高大小对于围油栏、收油机等围控回收设备的使用有重要影响。潮流对船舶运动的影响主要表现为对船舶运动、操纵性能的影响,同时,需要乘潮进出港的水域,船舶事故风险也较大。

航道锚地和船舶交通状况因素。航道宽度、交叉和转向等直接影响船舶会遇率,进而影响该航道航行船舶的碰撞率。交通量越大,船舶航行的危险度越高,即船舶数量的激增也会增加潜在碰撞事故发生的概率。

（3）人为因素

国际海事组织（International Maritime Organization,IMO）在 ISM 规则❷中指出,海上事故的发生约有80%是人为因素引起的,而与人为因素有关的船舶碰撞事故的比率更是高达85%~96%。人为因素可分为个人因素和组织因素,个人因素体现为业务能力、身体状况和责任意识,组织因素主要体现为安全管理体

---

❶ 翁跃宗. 厦门港及附近水域船舶交通安全评价［D］. 大连：大连海事大学,2000.

❷ IMO. the International Management Code for the Safe Operation of Ships and for Pollution Prevention［M］. London：International Maritime Organization,2002.

系、人员配备和培训、管理层的监督检查等。

四、典型溢油事故

1．"埃克森·瓦尔迪兹"号溢油事故

1989 年 3 月 24 日 00 时 04 分，"埃克森·瓦尔迪兹"号（EXXON VALDEZ）超级油轮在阿拉斯加威廉王子湾撞上布莱礁，发生溢油事故。该次事故中，"埃克森·瓦尔迪兹"号油轮泄漏原油约 3.7 万 t。图 1-11 为"埃克森·瓦尔迪兹"号溢油事故图片。

图 1-11　"埃克森·瓦尔迪兹"号溢油事故图片

"埃克森·瓦尔迪兹"号于 3 月 23 日晚离开阿拉斯加的油品码头。油轮由船长控制，由一名阿拉斯加州引航员引航，并由美国海岸警卫队船舶交通管理系统（Vessel Traffic Service，VTS）监测，油轮共装载约 18 万 t 原油。

同日 23 时 25 分，船长通知 VTS 引航员已经离船，并表示为了躲开冰山，油轮可能会偏离航道，穿过间隔区后，再进入航道。来自油轮的下一个消息是正在减速到 12 节，以便绕过一些冰山，并在冰山威胁消除后通知 VTS。

24 日 00 时 04 分，"埃克森·瓦尔迪兹"号油轮搁浅在阿拉斯加威廉王子湾布莱礁上。搁浅时，油轮搁浅处的海图标出深度为退潮 30 英尺，而"埃克森·瓦尔迪兹"号油轮吃水 56 英尺。调查显示，11 个载油舱中有 8 个破裂，3 个海水压载舱也被穿破，破损舱室分布于油轮中心和右舷。如图 1-12 所示，图中阴影区域为泄漏舱室。在 5 个小时之内，约 3.4 万吨原油泄漏。

该次事故的应急处置工作持续到 4 月底，由于应急设备损坏待修以及正值节假日，初期的应急响应工作受到影响。驳船抵达布莱礁后，采用围油栏控制水面溢油，利用两台收油机和两个 1000 加仑油囊接收回收的溢油。后续主要采用机械收油、焚烧、喷洒分散剂、吸附等方法回收清理海面溢油。相关事故图片如图 1-13 所示。

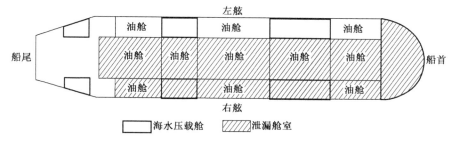

图 1-12　"埃克森·瓦尔迪兹"号油轮分舱结构

图 1-13　"埃克森·瓦尔迪兹"号溢油事故相关图片

　　应急处置力量以埃克森公司和美国海岸警卫队为主,其他参与应急的部门包括美国海军、林务局、国家海洋与大气管理局、联邦航空局、内政部、环境保护署和国民警卫队。截至 4 月 12 日,投入使用的应急响应力量包括各类船舶 234 艘、飞机 36 架、各类人员 1811 名,围油栏 91km,收油系统 71 套。

　　"埃克森·瓦尔迪兹"号溢油事故促使美国国会通过了 1990 年油污法案,该法案要求美国海岸警卫队通过其相关规则加强对油轮和油轮所有人及经营人的管理。

2."威望"轮溢油事故

"威望"轮溢油事故首先是发生了搁浅,其单壳油轮的结构和恶劣海况最终导致了船体断裂并沉没,该次溢油事故总泄漏大约6.3万t原油。事故图片如图1-14所示。

图1-14 "威望"轮溢油事故相关图片

2002年11月13日,当地时间15:10,在离加利西亚州菲尼斯特雷岬角25~30n mile处,"威望"轮在恶劣天气情况下搁浅,船体在右侧2号艉舱和3号翼舱裂开一个15m长的裂口。随后船舶开始横倾,最大达到右倾30°,同时受到强风大浪的影响,船载货油开始泄漏。当地时间17:00,直升机救起24名船员,但船长、大副和轮机长仍留在船上。当地时间17:30,船长将油轮调平大约右倾3°。当地时间19:00,荷兰救援公司SMIT TAK接管了船舶。

11月14日,"威望"轮漂到海岸3n mile内并打算在安全区域进行维修。救援公司向西班牙政府请求将难船拖至Vigo河口水域进行应急作业,但西班牙政府拒绝了该请求并命令其离开西班牙海岸至少120n mile。此后救援公司的两艘拖船将"威望"轮先向西北方拖行,后又拖往南方。11月19日,"威望"轮在西班牙附近海域断成两截并在离西班牙海岸大约130n mile处(42°15′N,12°08′W)沉没,该处海深3600m。

"威望"轮溢油事故污染了1000多km的海岸线,以及大量的海洋动植物及鸟类栖息地保护区、潮间带、海滩和湿地;造成20000多只海鸟死亡,其中包括一些稀有的海雀科鸟类;渔业遭受严重影响,当地政府下令封锁了事发地附近长达128km的海域,禁止渔民出海打鱼。

"威望"轮溢油事故加快了单壳油轮的淘汰。欧盟从2003年1月1日起禁止运输重油的单壳油轮进入欧盟港口。西班牙和法国达成防止海洋污染协议,决定从 2002 年 11 月 27 日开始,限制载有石油原油、燃料油等易造成海洋污染的危险货物的船舶及船龄在 15 年以上的单壳油船通过两国的领海。

国际海事组织于 2003 年 11 月通过 2 项决议,其中 A.949(23)号决议为一项为需要援助的船舶提供避难场所的指导方针,A.950(23)号决议为海事救助服务。

3.“河北精神”轮溢油事故

“河北精神”轮建造于 1993 年,269605 载重吨,在锚地抛锚等待引航过程中,受驳船擦碰导致 3 个货油舱泄漏,总溢油量约 1.1 万 t。事故图片如图 1-15 所示。

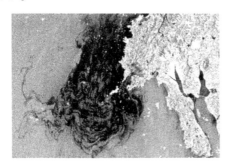

图 1-15 “河北精神”轮溢油事故相关图片

2007 年 12 月 6 日,当地时间 19:36,“河北精神”轮到达引航站并被要求抛锚等候韩国引航员引航。12 月 7 日早上约 6:30,当时天气恶劣,强风达 30 ~ 35n mile,浪高 2.5 ~ 3m,起重驳船“Samsung No.1”号正由两艘拖船“Samsung No.5”和“Samho T3”号进行拖带作业。一艘拖船进行拖带,另一艘拖船伴航,拖行路线非常接近“河北精神”轮。

“河北精神”轮抛锚于大山港务局指定的位置,并按照国际公约要求正确展示抛锚标示和监察抛锚情况。当该轮了解到拖船接近时感觉到不妥,于是尝试使用甚高频话机联络提醒对方,但得不到任何回应。韩国拖船在拖着起重驳船由"河北精神"轮的右舷到左舷横过船头时,驳船失去控制,"河北精神"轮印度籍船长立即再次联系拖船,但仍未能成功。

拖船的牵引索断裂,令起重驳船漂向"河北精神"轮,油轮船长立即下令尽最大努力避碰,但由于超大型油轮固有的动作迟缓特性,加上当时的恶劣天气,没有足够时间避开碰撞。其后,驳船撞击"河北精神"轮左舷第1、3、5号油舱并导致破损和货油泄漏。船长立即采取了左右舷油舱转驳、调整压载平衡船舶等措施控制货油泄漏,但船舶由于天气恶劣而横摇,货油间歇性从破损油舱中泄漏。

该次事故中,韩国动员了数十万志愿者开展油污清理工作,多艘工作艇、军舰以及直升机投入到清污工作中。

4."桑吉"轮燃爆事故

2018年1月6日19:50,装载11.13万t凝析油的巴拿马籍油船"桑吉"轮与装载6.4万t高粱的中国香港籍散货船"长峰水晶"轮在长江口以东约160海里水域发生碰撞,"长峰水晶"轮船首撞破"桑吉"轮右舷舯部货舱,"桑吉"轮瞬间闪爆起火,持续燃烧数天。事故最终导致"桑吉"轮在持续数日燃爆和漂航后,于1月14日在距离事发位置东南约150余海里的北纬28°22′、东经125°55′处水域沉没,3名船员死亡,29名船员失联;"长峰水晶"轮21名船员获救,船舶被重新控制后安全抵达舟山。该次事故相关图片如图1-16所示。

图1-16 "桑吉"轮燃爆事故相关图片

5."交响乐"轮溢油事故

2021年4月27日08:51(北京时间),SEA JUSTICE LTD.所属巴拿马籍杂

货船"义海"轮由苏丹港开往青岛途中,与正在青岛朝连岛东南水域锚泊的 SYMPHONY SHIPHOLDING S. A.所属利比里亚籍油船"交响乐"轮发生碰撞(概位:35°43′.8N/120°58′.5E),事故导致"义海"轮艏部受损,"交响乐"轮左舷第二货舱破损,约9400t船载货油泄漏入海,造成海域污染,构成特别重大船舶污染事故。该次事故图片如图1-17所示。

图1-17 "交响乐"轮溢油事故相关图片

接到事故报告后,青岛市海上搜救中心(海上溢油突发事件专项应急指挥部)、山东省海上搜救中心(海上溢油事件应急处置指挥中心)立即启动应急响应,中国海上溢油应急处置中心联动作出部署。该次船舶污染事故溢油应急处置历时54天,通过抢险过驳、海上清污、岸线防护和清污,海面溢油及上岸(岛)油污得到有效控制和清理,事故未造成人员伤亡。6月19日17:00,终止应急响应。

根据该事故调查报告,两轮破损致修理费用约3500万元,泄漏货油价值约2200万元。截至2021年9月3日,事故产生的应急处置费用登记债权金额约为25.36亿元。根据自然资源部北海预报中心对该次溢油开展的卫星遥感监测情况,经对卫星遥感识别出的海面溢油进行叠加,得出该次溢油总覆盖面积为4360km²。受到溢油上岸影响的岸线总长度786.5km(含岛屿岸线)。青岛市朝连岛、灵山岛、竹岔岛、薛家岛部分岸线受污染较重,青岛市区其他岸线及烟台海阳市、威海乳山市、南海新区、文登区的上岸油污以零星油块为主。截至2021年9月3日,该次事故在青岛海事法院登记的渔业损失、生态环境损失债权金额共约37.4亿元。以上实际损失金额将在后续按法定程序逐步确定。

6. 蓬莱19-3平台溢油事故

2011年6月4日和17日,蓬莱19-3油田B平台、C平台先后发生两起溢油事故。事故主要原因为康菲石油中国有限公司在蓬莱19-3油田生产作业过程中违反油田总体开发方案,公司制度和管理上存在缺失,对应当预见到的风险没有采取必要的防范措施。此次事故造成蓬莱19-3油田周边及其西北部面积约

6200km² 的海域海水污染（超第一类海水水质标准），其中 870km² 海水受到严重污染（超第四类海水水质标准），造成的海洋生态损害价值总计 16.83 亿元。该次事故的调查报告未涉及总泄漏量，相关图片如图 1-18 所示。

图 1-18 蓬莱 19-3 平台溢油事故相关图片

7. 墨西哥湾溢油事故

美国中部时间 2010 年 4 月 20 日 22:00 左右，英国 BP 石油股份有限责任公司（简称"BP 公司"）租用瑞士越洋公司的深水地平线钻井平台，在美国墨西哥湾中部密西西比峡谷超深水域马孔多探井作业时，发生井喷爆炸着火事故，该钻井平台燃烧 36 个小时后沉没。这次事故共造成 11 人死亡、17 人受伤。同年 4 月 24 日，失控的油井开始大量漏油，漏油点位于水深 1500m 的深海。事故漏油点直到 87 天后的 7 月 15 日才被最终封堵，总计漏油量达 490 万桶。事故图片如图 1-19 所示。

墨西哥湾溢油事故的发展过程大致可分为"井涌—井控失败—井喷—着火—爆炸—大量溢油"6 个阶段。井涌检测和井控失败可能是该事故的开端，根据事后调查，2010 年 3 月 8 日曾发生井控事件，但是并没有得到工作人员足够的重视。

（1）井涌：4 月 16 日停止钻井，井队工人在没有充分确认油气储层和通道被封堵好的情况下，就用海水替换原来的高密度钻井液，使井内压力失去平衡。工人在钻井底部设置水泥封口（水泥塞）时引起化学反应，产生热量，促使深海底部处于晶体状态的甲烷转化成甲烷气泡，随后甲烷气泡从下部突破数道安全屏障升到上部低压处，且气泡越聚越大。

2010 年 4 月 20 日，井队人员对油井进行负压试验。井队在关键的负压试验期间同时开展多项作业，没有准确监测泥浆池液位，负压试验失败，但是井队全体人员却对负压试验进行了错误的理解，从而没能及时检测到井涌现象。

图 1-19　墨西哥湾溢油事故相关图片

（2）井控失败：直到碳氢化合物到达防喷器组上方，井队人员才发现井涌，但井队人员对于是否立即关闭防喷器犹豫不决，导致井控失败。

（3）井喷：为了降低经营成本，BP 公司采用了质量较差的一种水下浮箍和靴导轨材料，致使浮箍和靴导轨故障，导致碳氢化合物从靴导轨流经 97/8 ×7 生产套管，产生了井喷。

（4）着火：井喷发生后，井队人员立即决定把碳氢化合物输送到泥浆气体分离器，而泥浆气体分离器排气口位于甲板顶部，排气管口朝向钻机。碳氢化合物流出之后，钻机开始着火。

（5）爆炸：着火后，可燃的碳氢化合物气体进一步扩散，扩散至正在工作的 3 号和 6 号发电机房，当时发电机房和开关柜室无要求防爆，也无对该区域进行净化或加压处理的要求，而在探测到气体浓度增高并多次报警后，并没有及时关停发电机，尽而在很短的时间内连续发生了两次爆炸，爆炸导致部分电路和液压缆线断裂，不能正常启动运行防井喷的装置，致使事故进一步恶化。

（6）大量溢油：随着着火和爆炸的发生，2010 年 4 月 22 日钻井平台沉没。从 2010 年 4 月 24 日开始至 7 月 15 日为止，由于地壳内部压力过大，质量较低的隔水导管和钻探管在高压下破裂，导致大量原油泄漏。

钻井平台沉没以前，除了人员撤离以外，其他应急措施基本没有发挥任何作用。溢油发生后,美国快速启动了"机遇之船"计划。为了阻止溢油扩散,BP公司最早采取了三项主要措施:一是采用遥控无人潜水器(Remote Operated Vehicle,ROV)检修失控的安全阀门;二是利用船舶清除油污;三是钻两口减压井缓减溢油井压力,降低溢油速度。为了防止事态进一步恶化,使用超过610km长的围油栏,以"圈油"焚烧的方式围堵浮油。此外,还采用了"加盖封堵""高压将水泥射入破裂井口""顶部压井""毛发吸油"等多种手段,但均宣告失败或收效甚微。此后,采用"盖帽"法成功引流溢油。利用水下机器人切除防喷器上端隔水管,并在漏油点上方成功安放一个漏斗状装置,不再有漏油流入海洋。该法不仅收集了大量漏油,而且为减压井争取了时间。最后,使用"静态封堵"法成功封井。

第三节 溢油事故危害

一、溢油对鱼类、底栖生物、浮游生物的危害

鱼类对大多数油污很敏感,当溢油发生时,大量石油突然大面积倾泻进入水体,造成鱼类的鳃被石油黏住而窒息死亡,而溶解在水体中的石油则会通过鳃或体表进入鱼体,损害其各种组织和器官,且石油中的有害物质在鱼体中具有累积作用。另外,溢油对鱼卵和仔鱼危害明显。研究表明,只要水体中含 0.1mg/L 的油,鱼卵孵化出来的都是只能存活 1~2 天的畸形仔鱼❶。

底栖生物除了受到溶解或悬浮于水体中的石油影响,还受到沉积到水体的石油危害。底栖生物对石油极其敏感,极少量的石油也会对其活动和繁殖产生影响,甚至造成其死亡。例如,胜利原油对虾受精卵和各发育期幼体的毒性影响有明显的差异,产生不利影响的最低浓度分别是受精卵 56ppm、无节幼体 3.2ppm、溞状幼体 0.1ppm、糠虾幼体 1.8ppm、仔虾 5.6ppm。胜利原油对溞状幼体 48 小时平均耐受限(Median Tolerance Limit,等同于半致死浓度)为0.83ppm,96 小时平均耐受限为 0.45ppm,50% 变态率浓度为 0.12ppm。油浓度超过 0.32ppm 即可影响溞状幼体摄食❷。

处于食物链最底层的浮游植物和浮游动物是水生生态环境中其他动物的饵

---

❶ 赵冬至,张存智,徐恒振.海洋溢油灾害应急响应技术研究[M].北京:海洋出版社,2006:403-414.

❷ 吴彰宽,陈民山.胜利原油对对虾受精卵及幼体发育的影响[J].海洋科学,1985(2):35-39.

料来源,浮游生物一旦遭受溢油污染,就会被漂浮于水面的石油黏住,最后随油块吸附到岸线或沉入水底。漂浮在水面的油膜会阻挡阳光,减弱浮游植物的光合作用,从而影响浮游生物生长。

二、溢油对鸟类的危害

溢油污染对鸟类生存的影响也是十分严重。以 1967 年"托利坎荣"油轮事故为例,该次溢油事故造成了英吉利海峡两岸 4 万 ~ 10 万只鸟类死亡。溢油对鸟类的直接影响包括对鸟类食物链的影响和对鸟类栖息环境的影响❶。

除此以外,溢油接触到鸟类羽毛,就会渗入羽毛的绒羽层,从而使其失去保温和防水性能,使在水上生活的鸟类失去浮力而下沉,也会使鸟类丧失飞翔能力。鸟类沾染油污后,将大大加速能量消耗,最终耗尽脂肪储备而死亡,而油污进入鸟类消化系统后,将对其消化功能造成破坏,甚至造成鸟类停止产卵,影响鸟类的种群繁衍。

三、溢油事故的社会影响

突发性溢油事故除了对环境造成灾害性影响外,其社会影响也不可忽视。以三峡库区为例,三峡库区沿线分布着众多取水口,一旦取水口上游发生突发性溢油事故,就必须采取临时关闭取水口的应急措施。1997 年 10 月发生的纯苯泄漏事故造成奉节县和巫山县分别停水 62 小时和 30 多小时❷,造成较大的环境危害和社会负面影响。

溢油事故除了具有突发性、污染物泄漏量大、水域污染面广、清除难度大、污染持久性等特性外,还会对景观环境造成严重污染。大片黑色的油污漂浮在水面、吸附在岸线,并伴有强烈刺鼻的气味,将影响沿岸居民的正常生活以及沿岸旅游区游客的游览活动❸。

如果溢油事故泄漏油品为汽油、柴油等易燃液体,在遇到点火源的情况下,会发生火灾爆炸等次生事故,如过往的机动船舶、清污船舶进入火灾爆炸危险区域,发动机尾气排放带出的火星有可能点燃泄漏在水面的油品。泄漏在水面的油品挥发,有可能致使清污人员中毒。

---

❶　周斌.溢油对鸟类的影响[J].交通环保,1996(3):7-9.

❷　赵宝利,邓春光.三峡库区重庆段水上化学品事故探究[J].生态经济,2008(2):386-388.

❸　陈荣昌.长江三峡库区突发性溢油事故环境风险及对策研究[J].工程研究-跨学科视野中的工程,2011,3(2):149-156.

　　一旦发生突发性溢油事故,就需要对泄漏污染物采取围控和清除措施,如此势必造成清污水域的船舶交通堵塞,影响航道的正常通航。

四、对人类健康的影响

　　油类具有一定的毒性,人食用受污染的水产品后,严重时会出现呕吐、神志不清等病情。因此,在溢油污染水域,应严禁实施捕捞作业,避免因为食用受污染的水产品而出现人员中毒事故。同时,应对受污染水域水质和生物残毒进行监测,确定生物质量恢复时间以及重新允许水厂取水口取水时间。

第二章

水上溢油应急能力及决策流程

第一节 船舶污染事故定义及分级

一、船舶污染事故定义

船舶污染事故是指船舶及其有关作业活动发生油类、油性混合物和其他有毒有害物质泄漏,造成海洋或内河水体环境污染事故。船舶污染事故属于事故灾难中的交通运输事故、环境污染和生态破坏事件。船舶污染事故既具有突发事件的一般特性,还具有突发性、危害性、不确定性和流动性等特点。

水上溢油事故则是指船舶、港口、码头、装卸站因违反环境保护法规的行为,以及意外因素的影响或不可抗拒的自然灾害等原因导致油类物质、油类混合物泄漏入水造成的环境污染事故。水上溢油事故是船舶污染事故的组成部分,但更关注油类物质和类油物质的水上泄漏。其中,油类物质是指除石油化学品以外的原油、燃料油、油泥、油渣及其炼制品等任何形式的石油类物质;类油物质是指与溢油在水中的行为和归宿趋势相似,可使用溢油应急技术和装备回收清除的散装液体污染危害性货物。

二、船舶污染事故分级

在溢油事故的应急防备和处置过程中,事故规模等级将决定启动哪一个层级的应急预案和应急指挥机构。按照船舶污染事故发生的水域,可分为沿海水域和内河水域。按照船舶溢油量或事故造成的经济损失的大小,《防治船舶污染海洋环境管理条例》(国务院令第561号公布,自2010年3月1日起施行)将沿海发生的船舶污染事故规模分为特别重大、重大、较大、一般船舶污染事故共四级,具体划分标准见表2-1。

船舶污染事故规模等级划分(沿海)　　　　　　　　　　表2-1

等级	判定准则①		事故应急指挥机构	事故调查处理部门
	船舶溢油量	直接经济损失		
特别重大	1000t 以上	2 亿元以上	国务院或者国务院授权国务院交通运输主管部门成立事故应急指挥机构	国务院或者国务院授权国务院交通运输主管部门
重大	500t 以上不足 1000t	1 亿元以上不足 2 亿元	有关省、自治区、直辖市人民政府应当会同海事管理机构成立事故应急指挥机构	国家海事管理机构
较大	100t 以上不足 500t	5000 万元以上不足 1 亿元	有关设区的市级人民政府应当会同海事管理机构成立事故应急指挥机构	事故发生地的海事管理机构
一般	不足 100t	不足 5000 万元		

注:①船舶溢油量或直接经济损失满足其中之一。

《中华人民共和国防治船舶污染内河水域环境管理规定》(交通运输部令2015 年第 25 号)将发生在内河水域的船舶污染事故规模分为重大以上、重大、较大和一般船舶污染事故共四级,但该规定未明确具体的判定准则,见表2-2。发生在内河水域的船舶污染事故规模的分级,应根据地方人民政府制定的船舶污染事故应急预案,以及港口、码头、装卸站的经营人和有关作业单位制定的防治船舶及其作业活动污染内河水域环境的应急预案确定,并按照事故规模等级开展分级应急反应行动。

船舶污染事故规模等级划分(内河)　　　　　　　　　　表2-2

等　　级	事故调查处理部门
重大以上	交通运输部
重大	国家海事管理机构
较大	直属国家海事管理机构或者省级地方海事管理机构
一般	事故发生地海事管理机构

此外,交通运输行业标准《船舶油污染事故等级》(JT/T 458—2001)区分油船和非油船所造成的水域油污染事故,以入水量和经济损失两项指标衡量将船舶油污染事故规模划分为重大事故、大事故、一般事故和小事故共四级,详见表2-3。该标准不适用于由各种原因引起的海损事故所造成的油污染事故。由于该标准发布实施时间较早,其入水量和经济损失是基于早期的船型和溢油事

故特征统计数据确定的,已逐渐不适用于确定水上溢油事故等级,在标准修订更新前仅供参考对比。

船舶油污染事故等级(不适用于海损事故)　　　　　表2-3

事故等级	油船	油船和非油船	
	货油①	船用油②	油性混合物③
重大事故	入水量④ > 10t 经济损失⑤ > 30万元	入水量 > 1t 经济损失 > 10万元	—
大事故	5t < 入水量≤10t 10万元 < 经济损失≤30万元	0.1t < 入水量≤1t 5万元 < 经济损失≤10万元	经济损失 > 5万元
一般事故	0.5t < 入水量≤5t 3万元 < 经济损失≤10万元	0.01t < 入水量≤0.1t 2万元 < 经济损失≤5万元	2万元 < 经济损失≤5万元
小事故	入水量≤0.5t 经济损失≤3万元	入水量≤0.01t 经济损失≤2万元	经济损失≤2万元

注:①货油指油船中载运的原油或成品油。
　　②船用油指船舶自身所用油,包括燃料油、润滑油等。
　　③油性混合物指任何含有油分的混合物(包括含油压载水、洗舱水、机舱水及其他含油物)。
　　④当油污染事故入水量和经济损失在表中不属同一事故等级时,应以所属事故等级中较大的一级为判定依据。
　　⑤经济损失主要指由船方因油污染事故所付出的罚款、清除费等。

第二节　水上溢油应急能力组成

一、应急能力的表征

　　水上溢油事故可能发生在锚地、航道、码头前沿及海上平台等水域。从应急防备和应急处置角度看,水上溢油应急能力主要由三方面表征,包括应急能力的覆盖能力、反应时间和清控能力。

　　(1)覆盖能力。应急能力体系中与覆盖能力相关的部分主要是应急监视监测和应急设备设施的建设,即通过不同监视监测手段的组合能够实现对覆盖范围内的船舶污染物的有效监视监测;通过对应急设备、应急船舶等设备设施的建设,能够在覆盖范围内快速到达现场,开展应急处置行动。

　　(2)反应时间。反应时间指从发现或发生事故开始到应急能力能够到达事故现场,有效开展应急行动的能力。快速应急反应能力对一次成功的应急行动而言至关重要。在事故初期,快速到达事故现场并有序开展清污行动和保护敏感资源,对于事故危害后果的控制非常关键。

(3)清控能力。清控能力指一次溢油综合清除控制能力,采用溢油量(t)表示。清控能力是由应急卸载能力、溢油围控能力、机械回收能力、油污储运能力、分散和降解能力以及吸收吸附能力等组合构成的。

二、应急能力的构成

为同时满足覆盖能力、反应时间和清控能力的要求,水上溢油应急能力可进一步分解为应急体制机制、应急信息系统、应急设备设施和应急队伍四个主要组成部分,详见图2-1。

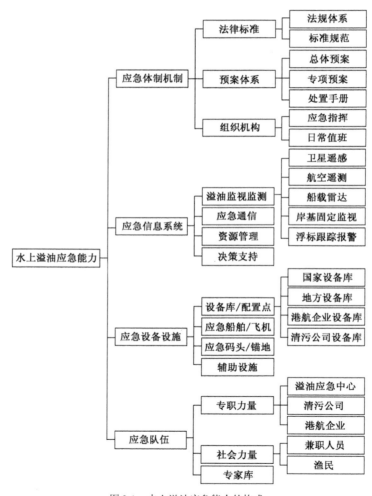

图 2-1　水上溢油应急能力的构成

1. 应急体制机制

应急体制机制由法规标准、预案体系和应急组织机构组成。

应急相关规章制度是应急行动及时有序开展的制度保障,包括管理法规体系和技术标准规范。船舶污染事故应急处置涉及指挥协调、监测预警、信息报告、评估、宣传教育和培训演练等机制的建立,有必要通过规章制度来约束和规范,使得应急行动有法律保障。

应急预案是船舶污染事故在预防与应急准备、监测与预警、应急处置与救援、事后恢复与重建等方面的行动总纲,在应急能力体系中处于关键地位,包括总体预案、专项预案和现场应急处置手册等。《防治船舶污染海洋环境管理条例》明确规定,国务院交通运输主管部门、沿海设区的市级以上地方人民政府应当建立健全防治船舶及其有关作业活动污染海洋环境应急反应机制,并制定防治船舶及其有关作业活动污染海洋环境的应急预案。

应急组织机构包括应急指挥机构和日常值班机构。应急指挥机构是突发事件应急处置的总指挥、中枢机构和调度中心,在信息收集、部门间的协调指挥以及行动的快速有序进行方面具有核心地位。国家、地方各级人民政府均有责任设立突发事件应急指挥机构。船舶污染事故的应急处置是一个多部门、多种力量协同作战的过程,需要在政府的统一领导下,协调各相关部门和各种应急力量有序开展应急工作。此外,应急指挥机构需要设立日常值班机构,以满足24小时值守和接警需要。

2. 应急信息系统

应急信息系统是应急能力体系的重要组成部分,包括溢油监视监测、应急通信、应急资源和敏感资源动态管理与决策支持等子系统。《防治船舶污染海洋环境管理条例》要求海事管理机构根据防治船舶及其有关作业活动污染海洋环境的需要,会同海洋主管部门建立健全船舶及其有关作业活动污染海洋环境的监测、监视机制,加强对船舶及其有关作业活动污染海洋环境的监测、监视。

(1)应急监视监测子系统。该系统以遥测技术和物理化学分析技术为主,对船舶污染物情况进行监视和鉴别。监视主要有卫星遥感监视、航空和船舶监视等手段,监测一般有便携式移动执法监测、现场采用结合实验室分析等方式。溢油监视监测系统的主要设备包括雷达、可见光和红外监视仪、气象色谱仪、红外光谱仪、油分浓度计和计算机处理系统等。

(2)应急通信子系统。有效的通信联络对船舶污染应急反应的协调、指挥和反应作业是极其重要的。应急通信系统的主要功能是播发水上交通安全信息,及时接收船舶发出的遇险信息,并进行畅通、可靠的后续通信,为管理部门提供快捷、方便的对船通信手段。该系统主要设备包括 VTS(Vessel Traffic Service,船舶交通服务系统)、VHF(Very High Frequency,甚高频通信)、AIS(Automatic Identification System,船舶自动识别系统)、4G/5G 手机通信网络、计算机互联网系统等。

(3)应急资源和敏感资源动态管理子系统。应急资源的类型、数量、存放位置、使用条件等信息对于船舶污染事故应急处置具有至关重要的作用。船舶污染事故的发生对于周边的环境敏感资源将带来巨大影响,然而敏感资源的类型、重要性等特征又决定了应急处置过程中优先保护措施的选择。因此,建立应急资源和敏感资源动态管理子系统,可指导应急行动以最有效的方式开展。

(4)应急辅助决策支持子系统。应急决策指挥系统是应急通信与应急监管子系统的功能延伸,它实施溢油的预警、过程监控和评估,提供科学的应急预案,统一调度各种应急资源,对应急行动进行联动指挥。应急决策指挥系统的主要设备包括综合通信平台、辅助决策系统和综合显示平台等。

3. 应急设备设施

应急设备设施是应急能力体系的关键,主要包括应急设备库或配置点、应急船舶或应急飞机、应急码头锚地及应急辅助设施。《防治船舶污染海洋环境管理条例》要求国务院交通运输主管部门、沿海设区的市级以上地方人民政府按照防治船舶及其有关作业活动污染海洋环境应急能力建设规划,建立专业应急队伍和应急设备库,配备专用的设施、设备和器材;要求港口、码头、装卸站以及从事船舶修造的单位配备与其装卸货物种类和吞吐能力或者修造船舶能力相适应的污染监视设施和污染物接收设施,并使其处于良好状态。

根据美国、日本等国家的实践经验,可依靠国家、地方政府、社会力量(主要为船舶污染清除单位)等提供的支持,建设污染应急设备库,建造污染应急船舶,不断提高船舶污染应急能力。专用应急设备设施及其库房、配置点是应急能力能否发挥作用的关键技术手段,需要集合国家、地方、专业清污单位、港航企业的力量,并协调发展。

4. 应急队伍

应急队伍是应急能力体系的落实力量。拥有一支技术精良、操作熟练的应急队伍是应急行动取得成功的关键。《防治船舶污染海洋环境管理条例》要求建立专业的应急队伍。

应急队伍是发生船舶污染事故后,在事故应急指挥机构的统一指挥协调下,参与实施各级船舶污染应急预案,采取各种措施,负责污染监视、围控、清除、后勤保障等现场工作,具体开展应急清污行动的专业队伍。按照不同的应急职能和专业特性,船舶污染事故应急队伍主要由专职力量(各地溢油应急中心、船舶污染清除单位、港航企业等)、社会力量(港航企业兼职人员及渔民等)、应急专家队伍等三部分组成。

第三节　应急防备和处置的主要措施

一、应急设备库

船舶污染应急设备库是为应对船舶污染事故而建设的设备库,包括国家船舶溢油应急设备库、地方政府船舶污染事故应急设备库以及港口、码头和船舶污染清除单位等的设备库。

1. 国家船舶溢油应急设备库

国家船舶溢油应急设备库是指以中央政府投资为主,用于对抗船舶溢油事故的应急装备物资储备库。按照《国家船舶溢油应急设备库设备配置管理规定(试行)》的规定,国家船舶溢油应急设备库主要用于应对较大规模溢油事故,参与国际与国内地区间的溢油应急协作。国家船舶溢油应急设备库主要配置船舶溢油应急清污设备及其相关配套设备、物资,但不包括应急决策指挥、监视监测设备和专业应急清污船舶。

按适用的水域划分,国家船舶溢油应急设备库分为沿海水域船舶溢油应急设备库和长江干线船舶溢油应急设备库两类。沿海水域船舶溢油应急设备库主要针对海上风浪大、水域开阔等特点,配置海洋型溢油应急设备。长江干线船舶溢油应急设备库主要针对内河水流快、水面狭窄、水域环境敏感等特点,配置内河溢油应急设备。按应急能力划分,沿海水域船舶溢油应急设备库分为大型设备库、中型设备库、小型设备库三类,长江干线船舶溢油应急设备库分为中型设备库、小型设备库和设备配置点三类。按照《国家船舶溢油应急设备库设备配置管理规定(试行)》,国家船舶溢油应急设备库设备配置要求见表2-4。

一些较大型的溢油应急设备需依托飞机、船舶等配套装备才能真正发挥作用,因此设备库的建设必须要落实飞机、船舶等配套装备。在天气较为恶劣时发

国家船舶溢油应急设备库设备配置要求

表2-4

水域	设备库规模	规模指标 设备库面积(m²)	规模指标 综合清除控制能力(t)	应急服务半径或距离	应急卸载设备	机械回收设备	围控设备	设备类型及数量指标 分散剂①	吸油材料	储运装置	配套设备
沿海	大型	>1600	1000	350nm	水下开孔机、蒸汽锅炉各1套；卸载泵，卸载速率≥1400m³/h，数量4~6台	收油机收油速率≥650m³/h，4~6台	围油栏，总长度≥2200m	≥200t，自身储备21t	≥80t，自身储备17t		应急工作船舶和飞机等，应急运输车辆、拖车、挂车，叉车、托盘、拖架，码头吊机，保养、清洗设备，水上照明设备，应急人员防护设备等
	中型	>1000	500	150nm	卸载泵，卸载速率≥600m³/h，数量3~5台	收油机收油速率≥350m³/h，3~5台	围油栏，总长度≥1600m	≥100t，自身储备11t	≥40t，自身储备9t		
	小型	>600	200	50nm	卸载泵，卸载速率≥300m³/h，数量2~3台	收油机收油速率≥170m³/h，2~4台	围油栏，总长度≥1200m	≥40t，自身储备5t	≥16t，自身储备4.2t		
长江干线	中型	>1000	500	200km	卸载泵，卸载速率≥600m³/h，数量3~5台	收油机收油速率≥350m³/h，4~6台	围油栏，总长度≥1800m	≥50t，自身储备6t	≥40t，自身储备11t	船舶和浮动油囊等	
	小型	>600	200	100km	卸载泵，卸载速率≥400m³/h，数量2~3台	收油机收油速率≥170m³/h，3~5台	围油栏，总长度≥1200m	≥20t，自身储备3t	≥20t，自身储备5t		
	配置点	>400	50	100km	卸载泵，卸载速率≥200m³/h，数量2~3台	收油机收油速率≥80m³/h，2~4台	围油栏，总长度≥800m	≥5t，自身储备1.5t	≥5t，自身储备2t		

注：①《中华人民共和国防治船舶污染内河水域环境管理规定》(交通运输部令2015年第25号，自2016年5月1日起施行)，第十三条第四款规定"禁止在内河水域使用溢油分散剂"，因此在该规定发布后长江干线等内河水域的船舶溢油设备库不再配备溢油分散剂。

生的大规模海上溢油事故,船舶作业效率较低,需借助飞机进行溢油监视、溢油清除、物资投送等应急作业。国际上大型溢油应急设备库基本拥有一定数量的用于溢油分散剂喷洒的飞机。飞机在海上交通监管和救助中有多种用途,因此飞机配置需要统筹考虑,而不需要在溢油应急设备库建设中单独购置。大型船舶溢油设备库服务半径大,溢油分散剂储备充足,适用于使用飞机开展作业,可采用协议方式利用空中救助力量和社会力量,至少保证有一架可及时调用的可用于溢油分散剂喷洒的飞机。应急船舶是溢油应急设备库的主要运载工具,同时是应急作业的重要工作平台,因此各类设备库均应拥有充足的设备运输、围油栏布放、应急卸载泵和收油机运行、污油储运和消油剂喷洒等应急作业的船舶。应急作业船舶大致可分为专业溢油应急处置船(浮油回收船)及各类辅助船舶,可通过政府投资专门建造或通过协议拥有社会力量的应急船舶。沿海水域船舶应满足 4 级海况下正常工作、长江干线船舶应满足 6 级风况下正常工作的要求。应急飞机和船舶的配套要求见表2-5。

　　2.地方政府船舶污染事故应急设备库

　　按照《中华人民共和国突发事件应对法》《中华人民共和国环境保护法》《中华人民共和国海洋环境保护法》《防治船舶污染海洋环境管理条例》等法规要求,国务院交通运输主管部门、沿海设区的市级以上地方人民政府以及港口、码头、装卸站和船舶修造厂,均应建立防治船舶污染事故的应急设备库,并配套相应的设施。

　　《中华人民共和国突发事件应对法》第三十二条规定:"国家建立健全应急物资储备保障制度,完善重要应急物资的监管、生产、储备、调拨和紧急配送体系。设区的市级以上人民政府和突发事件易发、多发地区的县级人民政府应当建立应急救援物资、生活必需品和应急处置装备的储备制度。县级以上地方各级人民政府应当根据本地区的实际情况,与有关企业签订协议,保障应急救援物资、生活必需品和应急处置装备的生产、供给。"《中华人民共和国环境保护法》第四十七条规定:"各级人民政府及其有关部门和企业事业单位,应当依照《中华人民共和国突发事件应对法》的规定,做好突发环境事件的风险控制、应急准备、应急处置和事后恢复等工作。"

　　《防治船舶污染海洋环境管理条例》第八条规定:"国务院交通运输主管部门、沿海设区的市级以上地方人民政府应当按照防治船舶及其有关作业活动污染海洋环境应急能力建设规划,建立专业应急队伍和应急设备库,配备专用的设施、设备和器材。"第十二条规定:"港口、码头、装卸站以及从事船舶修造的单位

应急飞机和船舶的配套要求　　表2-5

水域	设备库规模	飞　机	船　舶
沿海	大型	至少保证1架可及时调用的飞机,通过用于溢油分散剂喷洒有协议拥有	设备运输:≥3艘;围油栏布放:≥6艘;收油机工作:≥3艘;考虑设备运输与围油栏布放,收油机回收污油储存可共用1艘污油储运船,因此污油储运船数量应≥10艘,总储运能力大于2000t;应急卸载:≥1艘;应急工作船数量应≥3艘
	中型	—	设备运输:≥2艘;围油栏布放:≥4艘;收油机作业:≥3艘;考虑设备运输与围油栏布放,收油机回收污油储存可共用1艘污油储运船,因此污油储运船数量应≥8艘,总储运能力大于1000t;应急卸载:≥1艘;应急工作船数量应≥2艘
	小型	—	设备运输:≥1艘;围油栏布放:≥2艘;收油机作业:≥3艘;考虑设备运输与围油栏布放,收油机回收污油储存可共用1艘污油储运船,因此污油储运船数量应≥6艘,总储运能力大于400t;应急卸载:≥1艘;应急工作船数量应≥2艘
长江干线	中型	—	同沿海中型设备库
	小型	—	同沿海小型设备库
	配置点	—	设备运输:≥1艘;围油栏布放:≥2艘;收油机工作可共用船舶,收油机回收污油储存可共用1艘污油储运船,因此污油储运船数量应≥5艘,总储运能力大于100t;应急卸载:≥1艘;应急工作船应≥1艘

应当配备与其装卸货物种类和吞吐能力或者修造船舶能力相适应的污染监视设施和污染物接收设施,并使其处于良好状态。"《中华人民共和国海洋环境保护法》第六十九条规定:"港口、码头、装卸站和船舶修造厂必须按照有关规定备有足够的用于处理船舶污染物、废弃物的接收设施,并使该设施处于良好状态。装卸油类的港口、码头、装卸站和船舶必须编制溢油污染应急计划,并配备相应的溢油污染应急设备和器材。"

地方政府船舶污染事故应急设备库的建设规模应与该设备库拟服务范围的船舶污染事故风险现状及发展趋势相适应。按照《防治船舶污染海洋环境管理条例》的要求,沿海设区的市级以上地方人民政府应当按照国务院批准的防治船舶及其有关作业活动污染海洋环境应急能力建设规划,并根据本地区的实际情况,组织编制相应的防治船舶及其有关作业活动污染海洋环境应急能力建设规划,地方政府船舶污染事故应急设备库的规划布局和建设均应按照其规划分阶段落实。

3. 港口、码头、装卸站及从事船舶修造的单位船舶污染事故应急设备库

按照《中华人民共和国海洋环境保护法》《中华人民共和国水污染防治法》《防治船舶污染海洋环境管理条例》等法规要求,港口、码头、装卸站以及从事船舶修造的单位应当配备与其装卸货物种类和吞吐能力或者修造船舶能力相适应的污染监视设施和污染物接收设施,并使其处于良好状态。

港口、码头装卸站应根据《港口码头水上污染事故应急防备能力要求》(JT/T 451—2017)的要求开展水上污染事故应急防备能力建设,从事船舶修造的单位还应满足《船舶修造和拆解单位防污染设施设备配备及操作要求》(JT/T 787—2010)的相关要求。

4. 船舶污染清除单位设备库

船舶污染清除单位是指具备相应污染清除能力,为船舶提供污染事故应急防备和应急处置服务的单位,根据区域应急防备需求和服务范围,建有应急设备库。交通运输部于2011年发布实施了《中华人民共和国船舶污染海洋环境应急防备和应急处置管理规定》(交通运输部令2011年第4号,最新修改为交通运输部令2019年第40号)。该规定提出了专业从事船舶污染清除单位的能力要求。根据服务区域和污染清除能力的不同,船舶污染清除单位的能力等级由高到低分为四级,见表2-6。

船舶污染清除单位的能力分级   表 2-6

能力等级	具体要求
一级单位	能够在我国管辖海域为船舶提供溢油和其他散装液体污染危害性货物泄漏污染事故应急服务
二级单位	能够在距岸 20 海里以内的我国管辖海域为船舶提供溢油和其他散装液体污染危害性货物泄漏污染事故应急服务
三级单位	能够在港区水域为船舶提供溢油应急服务
四级单位	能够在港区水域内的一个作业区、独立码头附近水域为船舶提供溢油应急服务

按照能力等级不同,该规定提出了具体的能力要求,包括围油栏、收油机、喷洒装置、清洁装置、吸油材料、溢油分散剂、卸载装置、临时储存装置、污染物处理、船舶、作业人员、综合保障及除油类外其他污染危害性货物清除作业要求,具体见表 2-7。

二、监视监测

溢油应急监视监测是指利用溢油监视监测装备对海上溢油的位置、漂移扩散情况进行搜寻和跟踪的过程,为应急处置方案的制订提供重要依据。溢油监视监测装置总体由溢油探测器和搭载探测器的平台组成。溢油探测器可分为非接触式和接触式两类,非接触式的溢油探测器主要有可见光、红外、紫外光学遥感器、微波辐射计、雷达、激光荧光器和油膜厚度探测器等不同类型,可实现可视距离到几千千米超远距离和超大范围监测;接触式溢油探测器则主要采用接触式报警传感器。非接触式的溢油探测器可以搭载在卫星、飞机、无人机、船舶、车辆等移动平台,也可以搭载在码头平台、海上固定平台、沿岸观测站等岸基平台;接触式溢油探测器通常搭载在水面溢油跟踪浮标系统中,兼具水面漂浮溢油跟踪和触油报警的功能。

目前,溢油监视监测手段主要为上述不同类型的溢油探测器和搭载平台的有效组合,较为常见的主要有卫星遥感、航空监测和船舶监测、跟踪报警浮标系统、VTS(Vessel Traffic Service,船舶交通服务系统)雷达溢油监测,码头固定点监测等。

1. 卫星遥感

卫星遥感监测范围大、全天候、图像资料易于处理和解译,它是以人造卫星为工作平台,利用卫星搭载的各种溢油遥感传感器来识别水面溢油的,其中合成孔径雷达是目前溢油监测效果最好的星载传感器。卫星遥感对于大面积溢油时的污染面积、污染速度和扩散方向具有很好的监测效果,多幅卫星遥感影像的解译结果还可用于溢油溯源。

表2-7

船舶污染清除单位应急清污能力要求

项目	功能要求		一级	二级	三级	四级	具体要求
围油栏	开阔水域(m)	总高≥1500mm	≥2000	≥1000	—	—	1. 如果根据当地水域的特点，需要调整围油栏类型或总高要求的，应当经过国家海事管理机构的认可。 2. 对防火围油栏的要求仅适用于为油轮及石油开采平台过驳提供污染清除服务的船舶污染清除单位。
	非开阔水域(m)	总高≥900mm	≥3000	≥1000	≥1000	≥1000	
	岸线防护(m)	总高≥600mm	≥4000	≥2000	≥1000	≥400	
	防火(m)	总高≥900mm	≥400	≥200	≥200	—	
收油机	回收能力(m³/h)	高黏度	≥300	≥150	≥30	≥15	1. 回收能力指单套或多套收油机每小时回收油水混合物的总量。 2. 高黏度收油机应具备回收以下油品的能力： (1)15℃时密度大于等于900kg/m³的原油； (2)15℃时密度大于等于900kg/m³或50℃时流动黏度大于等于180mm²/s的燃油。 3. 中、低黏度收油机应具备回收以下油品的能力： (1)15℃时密度小于900kg/m³的原油； (2)15℃时密度小于900kg/m³或50℃时流动黏度小于180mm²/s的燃油。
		中、低黏度	≥100	≥100	≥50	≥10	
喷洒装置	船上固定式(台)		≥4	≥2	—	—	1. 船上固定式喷洒装置应具有不低于135L/min/套的喷洒量。 2. 便捷喷洒装置应具有不低于18 L/min/套的喷洒量。
	便捷式(台)		≥8	≥4	≥2	≥1	
清洁装置	热水(台)		≥4	≥2	≥1	≥1	1. 热水清洁装置温度应不低于80℃，压力至少达到8MPa。 2. 冷水清洁装置压力应至少达到8MPa。 3. 热水清洁装置可替代冷水清洁装置。 4. 如果根据服务水域的气候特点，需要调整配冷热水清洁装置的比例和数量的，应当经过国家海事管理机构的认可。
	冷水(台)		≥2	≥1	≥1	≥1	
吸油材料	吸油拖栏(m)		≥4000	≥1000	≥500	≥300	吸油拖栏直径应大于等于200mm。
	吸油毡(t)		≥12	≥6	≥3	≥1	

续上表

项目	功能要求	一级	二级	三级	四级	具 体 要 求
溢油分散剂	常规型(t)	≥20	≥10	≥2	≥1	1. 如配备浓缩型溢油分散剂，应按缩比例换算成常规型溢油分散剂的配备量。 2. 如配备溢油凝聚剂，可按照其处理能力替代相应数量的溢油分散剂。
卸载装置	总卸载能力(m³/h)	≥300	≥200	≥100	≥25	1. 卸载能力指单套或多套卸载装置每小时卸载油品的总量。 2. 一级单位应至少配备1套150m³/h及以上卸载高黏度油品能力的卸载泵；二级单位应至少配备1套100 m³/h及以上卸载高黏度油品能力的卸载泵；三级单位应至少配备1套50m³/h及以上卸载高黏度油品能力的卸载泵；四级单位配备1套15m³/h及以上卸载高黏度油品能力的卸载泵。
临时储存装置	临时储存能力(m³)	≥1600	≥1000	≥400	≥100	临时储存能力指单套或多套临时储存装置的总存储量。
污染物处置	液态污染物处置能力(t/d)	≥100	≥50	≥20	≥10	1. 污染物处置能力指处理液态、固态污染物或者其他污染危害性质物的每天处理吨数。 2. 清污单位可拥有或协议拥有与清污能力相配套的污染物处置装置。
	固态污染物处置能力(t/d)	≥10	≥5	≥2	≥1	
船舶	溢油应急处置船(艘)	≥2	≥1	—	—	1. 溢油应急处置船是指具有溢油围控、回收与清除、临时储存、消油剂喷洒、应急辅助卸载和污油水处理等功能的专业船舶。 2. 溢油应急处置船设计航速应不低于12节，保证具有3节以下的作业航速能力，并至少满足沿海航区的适航要求。一级单位溢油应急处置船污油水舱储存能力不低于500m³；二级单位溢油应急处置船污油水舱储存能力不低于300m³。 3. 辅助船舶应满足围油栏布放、清污作业等功能需求。
	辅助船舶(艘)	≥8	≥6	≥3	≥2	

续上表

项目	功能要求	一级	二级	三级	四级	具体要求
作业人员	高级指挥(人)	≥3	≥3	≥2	≥2	1. 高级指挥人员应当具备对船舶污染事故应急反应的宏观掌控能力,能够根据事故情形综合评估风险,及时作出应急反应决策,有效组织实施,并按国家海事管理机构的要求经过培训。 2. 现场指挥人员应能根据指挥机构的对策,结合现场情况,制订具体的清污方案并组织应急操作人员实施,并按国家海事管理机构的要求经过培训。 3. 应急操作人员应具备应急反应的基本知识和技能,正确使用机构的要求经过培训。
	现场指挥(人)	≥8	≥6	≥4	≥3	
	应急操作(人)	≥40	≥30	≥20	≥15	应急设备和器材,实施清污作业,并按国家海事管理机构的要求经过培训。
	应急反应时间(h)	≤4	≤4	≤2	≤2	1. 一、二级单位的应急反应时间是指从接到通知后,主要设备、人员到达距岸20海里的时间。 2. 三、四级单位的应急反应时间是指从接到通知后,主要设备、人员到达港区水域外边界的时间。
综合保障	通信保障					具备多种通信手段,配备足够数量的通信设备,以确保通信畅通。
	后勤保障					提供应急设备储存地,运输及应急设备器材备件,安全防护用品,应急人员食宿,医疗救护等保障,确保应急行动的顺利实施。
除油类外其他污染危害性货物清除作业						1. 为载运油类油散装液体污染危害性货物的船舶提供清污协议服务的一、二级污染清除作业单位,应当根据本表上述要求配备溢油应急设施,设备和器材。 2. 为载运非油类油散装液体污染危害性货物的船舶提供清污协议服务的一、二级污染清除作业单位,还应当根据货物的特性配备相应的应急设施,设备和器材。其中,在专业化工码头服务的污染清除单位应当至少配备3吨化学吸收剂。

注:1. 相关设备和器材应当符合国家有关标准。
2. 相关设备,器材和船舶如未明确说明可以协议拥有的,应当为自有。

星载雷达均为合成孔径雷达,能够进行大范围成像,并能在夜间或有云雾的恶劣天气条件下对海面成像。合成孔径雷达发射的微波电磁信号和海面目标相互作用后,由接收器接收后散射回波信号,对海面目标成像。合成孔径雷达主要利用海面表面粗糙度反应敏感的特性进行溢油监测。溢油事故发生后,泄漏油品将在风力、潮流和重力等综合作用下,在海面形成大面积油膜,对海面重力毛细波产生阻尼作用,因此,被油膜覆盖的海面比没有油膜的海面更加光滑,在合成孔径雷达图像上呈低散射区,在合适的海况条件下,合成孔径雷达能够探测到海面油膜。

2. 航空监测和船舶监测

卫星遥感适合监测大面积的溢油污染,而航空遥感则适合监测小面积、海岸(石头、沙子)、植物上的溢油污染,特别适合指挥清除和治理工作。近年来,雷达卫星如 ERS-1、ERS-2、Radarsat-1 和 JERS-1 等对海洋溢油的监测受到许多国家的重视,但是由于开发成本和监测受限等方面的问题,该项技术普及度并不高❶。航空监测手段包括航空遥感监测和航空观测两种方式,航空遥感监测通过航空器(飞机、无人机等)携带传感器,在空中可以大范围、快速灵活、同步、连续监测海洋溢油。船舶监测是利用航海雷达实现对海面溢油的遥感监测,甚至可由船上的船员采用便携式仪器或人工观测海面溢油,船舶能够实现雨雾天海上巡航,弥补了光学监视仪器的不足。

据调查,挪威可能是使用航空遥感和卫星遥感监测海上溢油历史最长的国家,挪威污染控制局部署了一架 Fairchild Merlin ⅢB 双涡轮螺桨飞机进行海事监测;美国海岸警卫队(United States Coast Guard, USCG)拥有一系列的 Dassault Falcon 20 喷气飞机执行日常海上巡逻飞行和监测;荷兰的交通部门采用一架 Dornier 228-112 双涡轮螺桨飞机执行每天的航空遥感监测任务;德国的联邦海事污染控制组织用两架 Dornier Do-228 飞机执行监测任务,装备了侧视机载雷达(SLARs),红外/紫外(IU/UR)线扫描仪、摄像机、微波辐射仪和新一代污染监测系统等。

3. 跟踪报警浮标系统

海洋浮标是一种现代化的海洋观测设施,具有全天候稳定可靠地收集海洋环境资料的能力,并能实现数据的自动采集、自动标示和自动发送。海洋浮标与卫星、飞机、调查船、潜水器及声波探测设备一起可组成现代海洋环境立体监测

❶ 安居白,张永宁.发达国家海上溢油遥感监测现状分析[J].交通环保,2002(3):27-29.

系统。海洋浮标体内设置有各种传感器,传感器将采集到的信号通过仪器自动处理后,由发射机定时发出,再由地面接收站接收,显示在中央控制系统的显示屏幕上。

　　溢油跟踪浮标系统以浮标终端为载体,通过定位装置、通信装置、数据链、监控平台等,能够对溢油进行跟踪、监控。水面溢油跟踪浮标系统按浮标终端是否携带溢油探测装置,分为水面溢油跟踪浮标系统和水面溢油跟踪探测浮标系统。水面溢油跟踪浮标系统由浮标终端、数据链、监控平台三部分组成,如图2-2所示。水面溢油跟踪浮标终端由卫星定位设备、通信设备、供电设备及浮标壳体组成,水面溢油跟踪探测浮标终端在水面溢油跟踪浮标终端组成的基础上增加溢油探测装置。数据链由溢油跟踪浮标位置、溢油探测等信息及其发射、传输和接收的无线及有线通信设备组成。监控平台由数据处理设备、通信设备、显示设备、信息处理系统等组成。

浮标终端　　　　　数据链　　　　　监控平台

图2-2　水面溢油跟踪浮标系统组成示意图

4. VTS 雷达溢油监测

　　相比于船载雷达,VTS雷达具有更高定位精度和分辨力,具有更高的可靠性,但两者工作原理相同,组成结构也基本一致,在工作频率、发射功率、脉冲宽度等技术性能指标上基本相同。

　　VTS雷达兼顾溢油监视能力,可及时发现和识别溢油,为溢油应急行动提供技术支持,减少溢油对海洋环境的污染,降低对海洋生态的破坏,打击船舶等违法排污行为,保护海洋环境,促进海洋战略的可持续发展;同时,由于是在原有的基础上进行改造或新建,节省了基础投资和后续的人员管理费用,且一次性投入就可长期发挥作用,具有较高的社会和经济效益。目前,VTS雷达系统基本覆盖重要通航水域,探索适合的VTS雷达建设或改造方案,在VTS雷达系统保证原有功能的同时,兼顾溢油探测功能,对于实现重点海域24小时不间断常态化溢油监视监测具有重要意义。

5. 码头固定点监测

码头固定点监测是将传感器固定在码头、靠船墩或桥梁等结构上,可以进行全天候溢油监测和报警。按照《港口码头水上污染事故应急防备能力要求》(JT/T 451—2017)的要求,码头和装卸站应按《水运工程环境保护设计规范》要求设置水上油品及其他散装液体污染危害性货物泄漏监视监测报警装置。

《水运工程环境保护设计规范》(JTS 149—2018)第10.2.1.1条规定:装卸油品、液体化工品的码头以及船舶供受油作业的码头应设置水上油品或液体化工品泄漏监视监测报警装置。监视监测点布置应满足下列要求:

(1)采用点式监视监测方法的海港码头和受半日潮影响的河港码头,至少在输油臂或软管两侧水域各设置一个点位。

(2)泊位长度超过200m的码头,分别在码头两端和输油臂或软管两侧水域各设置一个点位。

(3)不受半日潮影响的河港码头,在泊位下游端设置一个点位。

除了在码头前沿按照规范要求设置溢油监测点以外,在风险较大或溢油污染敏感性较高的水域附近岸基也可考虑设置溢油监测点。

三、污染物清除技术

原油及其制品泄漏到水面后,油品中的轻质成分会逐渐挥发,重质成分在最初几小时内会发生乳化作用,黏度不断增大,形成高黏度浮油、焦油球、巧克力冻状油。溢油在漂移扩散作用和风化作用下,逐渐形成大小几毫米到几厘米的油膜,漂浮在海面上,或分散于海水中,或沉没于海底。水上溢油的回收清除方法按其原理可分为三种:物理法、化学法和生物法❶。

物理法是借助物理性质和机械装置,清除海面、水体和岸线溢油。物理法是国内外清理溢油污染物的主要方法,涉及的主要设备有围油栏、收油机(撇油器)、吸附材料、油拖网等。化学法主要包括溢油污染物现场燃烧及添加化学制剂。对于汽油、煤油、柴油等轻质油,由于其密度小、黏度小、扩散快等特点,其形成的油膜较薄,在保证安全的条件下,可考虑采用焚烧法,或者通过一些化学制剂改变溢油在海洋环境中的存在形态,从而降低其在海洋环境中的污染程度。常见的化学制剂有化学分散剂、凝油剂和集油剂。使用化学制剂应避免对环境

---

❶ 余小凤.海洋溢油应急处置效果评估方法[D].大连:大连海事大学,2013.

造成二次污染。生物法是通过微生物将油类作为其新陈代谢的营养物质来催化降解环境污染物,达到减小或去除溢油污染目的,可以是受控或自发进行的过程。生物法具有经济、高效、无二次污染、不破坏土壤环境和海洋环境等优点。

用于溢油应急处置的装备器材主要分为应急卸载、围控导流、机械回收、化学分散、吸收吸附、岸线清理等类型,各类设备基本已经实现标准化生产。

第四节　水上溢油应急标准体系

一、标准分类

目前,溢油应急处置相关的技术标准较多,如以围油栏、收油机及溢油分散剂为主的应急设备相关标准、以溢油鉴别为主的损害评估相关标准、以溢油风险评估为主的风险防范相关标准、以溢油术语为主的综合辅助相关标准等❶。溢油应急处置技术标准已初成体系,为溢油事故的应急处置提供了技术方案和标准化作业流程。

按标准类型分类,标准可分为国家标准(GB)、行业标准[本书中涉及的有海洋工程行业标准(HY)、交通运输行业标准(JT)、中国石油天然气行业标准(SY)]、地方标准(DB)、国际标准化组织标准(ISO)、美国石油学会标准(API)、美国材料与试验协会标准(ASTM)等。我国以国家标准和行业标准为主,地方标准为辅,并适当参考国际上的最新技术标准。从溢油应急处置的全过程分类角度,相关标准主要可分为风险防范、监测预警、应急设备、损害评估和综合辅助五个方面❷。

二、风险防范类标准

风险防范类标准19项,包含1项国家标准和18项行业标准,详见表2-8。风险防范标准主要包括船舶溢油应变部署、港口码头及船舶应急设备配备、污染清除单位、防污染操作、风险评估等方面。

---

❶ 田鑫,耿红.我国海上溢油应急设备标准体系研究[J].交通标准化,2011(21):125-129.
❷ 石宁,陈荣昌.水上溢油应急处置全过程技术标准体系现状及完善建议[J].交通节能与环保,2018,14(5):26-28.

风险防范类标准   表 2-8

序号	标准号	标准名称	适用范围
1	GB/T 16559—2010	船舶溢油应变部署表	规定了当船舶发生溢油时,全体船员应急反应岗位和职责。适用于150总吨及以上的油船和400总吨及以上的非油船,其他船舶及海上设施等可参照执行
2	JTS 149—2018	水运工程环境保护设计规范	适用于新建、改建和扩建港口、航道、航运枢纽、通航建筑物和修造船水工建筑物等水运工程的环境保护设计
3	JTS 165—2013	海港总体设计规范	适用于新建、改建和扩建的海港工程的水域、陆域、装卸工艺及相应配套设施的总体设计
4	JTS 166—2020	河港总体设计规范	适用于内河港口新建、改建和扩建工程的总体设计
5	JT/T 451—2017	港口码头水上污染事故应急防备能力要求	规定了港口码头水上污染事故的应急防备能力目标,应急设施、设备和物资配备要求,配套设施、设备要求以及应急管理要求。适用于沿海、内河从事货物装卸、过驳作业的港口、码头、装卸站。从事船舶修造、拆解业务单位的水上污染事故应急防备能力建设可参照使用
6	JT/T 458—2001	船舶油污染事故等级	规定了船舶油污染事故等级的划分。适用于由油船和非油船所造成的水域油污染事故,但不适用于由各种原因引起的海损事故所造成的油污染事故
7	JT/T 660—2006	水上加油站安全与防污染技术要求	规定了水上加油站的安全与防污染技术要求。适用于通航水域内3000载重吨及以下的水上加油站
8	JT/T 661—2006	散装液体危险货物码头安全与防污染管理体系要求	规定了散装液体危险货物码头建立安全与防污染管理体系的要求。适用于从事散装液体危险货物装卸作业的码头
9	JT/T 673—2006	船舶污染物接收和船舶清舱作业单位接收处理能力要求	规定了船舶污染物接收和船舶清舱作业的单位、船舶、人员应具备的接收处理能力,以及接收和清舱作业的技术和管理要求。适用于船舶污染物接收和船舶清舱作业。船舶污染物接收采用岸上接收方式的,其防污染和作业安全要求可参照执行
10	JT/T 787—2010	船舶修造和拆解单位防污染设施设备配备及操作要求	规定了船舶修造和拆解单位防污染设施设备配备要求、设施设备的操作要求以及人员防护与培训、应急准备与反应等管理要求。适用于中华人民共和国管辖水域及相邻陆域的船舶修造和拆解单位
11	JT/T 877—2013	船舶溢油应急能力评估导则	规定了船舶溢油应急能力评估内容和评估方法。适用于防治船舶及其有关作业活动污染水域环境应急能力评估,港口、码头、装卸站,从事船舶修造、打捞、拆解单位防治船舶污染水域环境能力中的船舶溢油应急能力评估,以及船舶污染清除单位等专业溢油应急单位的溢油应急能力评估

续上表

序号	标　准　号	标　准　名　称	适　用　范　围
12	JT/T 878—2013	码头、装卸站安全装卸污染危害性货物能力要求	规定了码头、装卸站安全装卸污染危害性货物能力的基本要求、设备设施要求、人员要求和判别要求。适用于在中华人民共和国管辖水域内从事污染危害性货物装卸作业的码头、装卸站
13	JT/T 879—2013	港口、码头、装卸站和船舶修造、拆解单位船舶污染物接收能力要求	规定了港口、码头、装卸站和船舶修造、拆解单位所应具备的船舶污染物接收的一般要求和接收能力要求。适用于中华人民共和国管辖水域内的港口、码头、装卸站和船舶修造、拆解单位
14	JT/T 1041—2016	海运散装有毒液体物质分类方法和运输条件评价程序	规定了以海运散装形式运输的有毒液体物质的分类方法和运输条件评价程序。适用于以海运散装形式运输的有毒液体物质
15	JT/T 1080—2016	船舶高污染风险作业操作规程	规定了在沿海进行船舶高污染风险作业的基本条件和操作规程。既适用于在沿海进行船舶高污染风险作业，也适用于高污染风险作业方案及可行性研究报告的编制
16	JT/T 1081—2016	船舶污染清除单位应急清污能力要求	规定了船舶污染清除单位应急清污能力要求，包括应急设施、设备和器材，应急船舶，应急作业人员的数量和能力要求，以及综合保障、应急预案和应急防备与反应等要求。适用于船舶污染清除单位配备应急资源、提供船舶污染应急防备服务，以及对船舶污染清除单位应急清污能力的评估
17	JT/T 1143—2017	水上溢油环境风险评估技术导则	规定了水上溢油环境风险评估程序和方法，包括风险评估准备、风险识别、风险分析、风险评价、风险应对和监督检查。适用于船舶、港区储罐、码头、装卸站等设施发生的水上溢油事故风险评估，可作为区域和水运工程建设项目环境风险评价的技术依据
18	JT/T 1338—2020	船舶溢油应急处置效果评估技术导则	规定了船舶污染清除单位应急清污能力要求，包括应急设施、设备和器材，应急船舶，应急作业人员的数量和能力要求，以及综合保障、应急预案和应急防备与反应等要求。适用于船舶污染清除单位配备应急资源、提供船舶污染应急防备服务，以及对船舶污染清除单位应急清污能力的评估
19	HJ 169—2018	建设项目环境风险评价技术导则	规定了建设项目环境风险评价的一般原则、内容、程序和方法。适用于涉及有毒有害和易燃易爆危险物质生产、使用、储存(包括使用管线输运)的建设项目可能发生的突发性事故(不包括人为破坏及自然灾害引发的事故)的环境风险评价

三、监测预警类标准

监测报警相关标准共有 3 项,包括 1 项行业标准和 2 项地方标准,详见表 2-9。行业标准为海上石油设施应急报警信号规定。地方标准为《海水养殖水域溢油污染应急监测技术规范》,适用于河北省管辖的海水养殖水域受溢油污染的应急监测。数值模拟预测方面的相关标准仅 1 项,为辽宁省地方标准《污染事故数值预测分析技术规程》,适用于辽宁省管辖海域的污染事故影响预测分析。

监 测 报 警 标 准   表 2-9

序号	标 准 号	标 准 名 称	适 用 范 围
1	SY 6633—2012	海上石油设施应急报警信号规定	规定了海上石油设施在发生火警、井喷、油气泄漏、硫化氢泄漏、溢油、人员落水、遇险求助、反恐和弃平台时的应急报警信号。适用于从事海上石油勘探开发的移动式和固定式平台、油气生产设施、浮式生产储油装置、陆岸油(气)处理终端、输油(气)码头、滩海陆岸和人工岛等海上石油设施
2	DB 13/T 2244—2015	海水养殖水域溢油污染应急监测技术规范	规定了海洋溢油污染事故发生后,海水养殖水域应急监测的布点、采样、样品管理、监测及分析方法、数据处理、报告出具的方法。适用于河北省管辖的海水养殖水域受溢油污染的应急监测
3	DB 21/T 2426—2015	污染事故影响数值预测分析技术规程	规定了基于数值模型的污染事故影响预测分析技术规程的术语、操作程序与技术方法。适用于辽宁省管辖海域的污染事故影响预测分析

四、应急装备类标准

应急装备相关标准的制定起步较早,共有 20 项,包含 9 项国家标准和 11 项行业标准,详见表 2-10。应急设备标准主要包括收油机、围油栏、溢油分散剂、吸油毡、浮动油馕、溢油驱集剂、吸油拖栏及应急卸载的型号、设计和使用技术条件,基本能覆盖现有的应急设备种类,但目前仍缺乏化学品应急处置设备和器材标准。

应 急 设 备 标 准   表 2-10

序号	标 准 号	标 准 名 称	适 用 范 围
1	GB/T 18188.1—2021	溢油分散剂 第 1 部分:技术条件	规定了溢油分散剂的分类、技术要求、试验方法、检验规则、标志、标签和使用说明书、包装和储存等。适用于溢油分散剂产品生产、检验、合格判定等

续上表

序号	标准号	标准名称	适用范围
2	GB 18188.2—2000	溢油分散剂 使用准则	规定了在中华人民共和国管辖水域内应用溢油分散剂及其管理的基本原则
3	GB/T 29132—2018	船舶与海上技术 海上环境保护 不同围油栏接头之间的连接适配器	规定了使用标准适配器与具有不同类型接头的围油栏连接的通用方法
4	GB/T 31971.1—2015	船舶与海上技术 海上环境保护:撇油器性能试验 第1部分:动态水条件	规定了撇油器在动态水条件下定量确定性能数据的方法,以便最终用户能够客观评判、比较及评估不同种类撇油装置的设计及性能。适用于在水槽中的试验且规定了油的特性及浮油特性的控制要求。适用于设备尺寸在试验水槽大小限定范围内的各种撇油器
5	GB/T 31971.2—2015	船舶与海上技术 海上环境保护:撇油器性能试验 第2部分:静态水条件	规定了撇油器在静态水条件下定量确定性能数据的方法,以便最终用户能够客观评判、比较及评估不同种类撇油装置的设计及性能。适用于在水槽中的试验且规定了油的特性及浮油特性的控制要求。适用于设备尺寸在试验水槽大小限定范围内的各种撇油器
6	GB/T 31971.3—2015	船舶与海上技术 海上环境保护:撇油器性能试验 第3部分:高粘度油	规定了撇油器在回收高黏度油的情况下定量性能数据的确定方法,以便用户能够客观评判、比较及评价不同类型撇油器的设计与性能。适用于在水槽中进行且需要控制油和浮油的特性的试验。适用于尺寸在试验水槽范围内的所有类型的撇油器
7	GB/T 34621—2017	围油栏	规定了围油栏的命名和型号组成、结构、技术要求、试验方法、试验规则,以及标志、包装、运输和储存。适用于围控水面浮油的围油栏
8	GB/T 36148.1—2018	船舶与海上技术 海上环境保护 围油栏 第1部分:设计要求	规定了围油栏的基本设计要求、一般功能、标记和标志,并规定了制造商至少需提供的关于围油栏设计、尺寸和材料方面的信息
9	GB/T 36148.2—2018	船舶与海上技术 海上环境保护 围油栏 第2部分:强度和性能要求	规定了围油栏详细的强度和性能要求以及相应的试验方法
10	JT/T 560—2004	船用吸油毡	规定了船用吸油毡的类型、规格尺寸、技术要求、试验方法、检验规则及标志、包装、运输、储存、使用注意事项等。适用于以聚丙烯纤维为材料的船用吸油毡,其他材料的吸油毡可参照执行
11	JT/T 863—2013	转盘/转筒/转刷式收油机	规定了转盘/转筒/转刷式收油机的产品型号、技术要求、试验方法、检验规则及标志、包装、运输和储存。适用于利用转盘/转筒/转刷回收水面溢油的装置

序号	标 准 号	标 准 名 称	适 用 范 围
12	JT/T 864—2013	吸油拖栏	规定了吸附水上浮油的吸油拖栏的基本结构与型号、技术要求、试验方法、检验规则及标志、包装、运输和储存。适用于各种材料制成的吸油拖栏
13	JT/T 865—2013	溢油分散剂喷洒装置	规定了溢油分散剂喷洒装置的产品型号、技术要求、试验方法、检验规则及标志、包装、运输和储存。适用于手持溢油分散剂喷洒装置、船用固定溢油分散剂喷洒装置
14	JT/T 866—2013	应急卸载装置	规定了应急卸载装置的产品型号、技术要求、试验方法、检验规则及标志、包装、运输和储存。适用于在应急状态下卸载油、油水混合物、乳化物等液体的潜没式卸载装置
15	JT/T 910—2014	水面溢油跟踪浮标系统技术要求	规定了水面溢油跟踪浮标系统的分类和组成、技术要求。适用于沿海、内河、湖泊及库区使用的水面溢油跟踪浮标系统
16	JT/T 1042—2016	堰式收油机	规定了堰式收油机的产品型号、基本参数、技术要求、试验方法、检验规则以及标志、包装、运输和储存。适用于名义回收速率 5～150m³/h 的堰式收油机
17	JT/T 1043—2016	浮动油囊	规定了浮动油囊的产品分类、型号、基本参数、技术要求、试验方法、检验规则以及标志、包装、运输和储存。适用于有效容积 2～300m³ 的浮动油囊
18	JT/T 1144—2017	溢油应急处置船应急装备物资装备要求	规定了溢油应急处置船应急装备物资配备的一般要求及溢油应急处置装备物资配置要求。适用于溢油应急处置船的应急装备物资的配备
19	JT/T 1339—2020	水上液体有毒有害物质吸附材料	规定了水上液体有毒有害物质吸附材料的技术要求、试验方法、检验规则以及标志、包装、运输、储存和说明书编制等要求。适用于以聚丙烯纤维为原料,用于吸附水面漂浮的、不溶于水的液体有毒有害物质的吸附材料的生产、检验和使用。其他原料的吸附材料可参照使用
20	JT/T 1345—2020	船舶污染应急设备库运行管理规范	规定了船舶污染应急设备库的布局和储存、应急设备和物资管理、日常管理等内容。适用于船舶污染应急设备库的运行和管理
21	JT/T 1191—2018	溢油驱集剂	规定了溢油驱集剂的性能指标、试验方法、检验规则、标志、包装、产品说明书,以及储存、运输和过期产品处置等要求。适用于在中华人民共和国管辖水域内使用的溢油驱集剂生产、检验和使用

五、损害评估类标准

损害评估相关标准7项,包含2项国家标准、4项行业标准和1项地方标准,详见表2-11。损害评估标准主要包括溢油损害、溢油鉴别、污染调查评价等方面的技术标准和规程。

损 害 评 估 标 准   表2-11

序号	标 准 号	标 准 名 称	适 用 范 围
1	GB/T 21247—2007	海面溢油鉴别系统规范	规定了海面溢油样品的采集、储运、保存和鉴别的方法。适用于发生在中华人民共和国管辖海域或发生在其他区域但污染中华人民共和国管辖海域的溢油事件
2	GB/T 34546.2—2017	海洋生态损害评估技术导则 第2部分:海洋溢油	规定了海洋溢油对海洋生态损害的评估工作程序、方法、内容及技术要求。适用于对中华人民共和国管辖海域造成的溢油生态损害的评估
3	JT/T 862—2013	水上溢油快速鉴别规程	规定了沿海、河流、湖泊和库区溢油样品的快速鉴别方法,包括样品采集、样品分析及分析鉴别流程。适用于原油、燃油、舱底油、油泥、油渣及其他石油产品的鉴别
4	JT/T 1190—2018	水上溢油的稳定碳同位素指纹鉴别规程	规定了水上溢油的稳定碳同位素指纹鉴别的样品采集、样品前处理及制备、样品分析、样品鉴别及质量控制措施。适用于水上溢油,包括原油、燃油及其他石油产品的鉴别
5	JT/T 1318—2020	船舶溢油鉴别机构能力要求	规定了我国船舶溢油鉴别机构能力评价的通用要求、质量控制、自我声明等要求。适用于船舶溢油污染事故调查中溢油鉴别机构的能力评价
6	HY/T 095—2007	海洋溢油生态损害评估技术导则	规定了海洋溢油对海洋生态损害的评估程序、评估内容、评估方法和要求。适用于在中华人民共和国管辖的海域内发生的海洋溢油事件的生态损害评估
7	DB 21/T 2556—2016	海洋保护区溢油污染调查与评价技术规程	规定了海洋保护区溢油污染评价的术语和定义、评价目的、评价范围、评价工作程序、海洋保护区溢油污染调查、海洋保护区溢油污染评价和综合指数分级的技术和方法。适用于溢油事故对辽宁省管辖海域内海洋保护区所造成污染程度的调查与评价

六、综合辅助类标准

综合辅助相关标准4项,包含2项国家标准和2项行业标准,详见表2-12。综合辅助标准主要包括溢油应急相关术语、数据元、应急平台等方面的标准。

综合辅助标准   表2-12

序号	标准号	标准名称	适用范围
1	GB/T 21478—2016	船舶与海上技术 海上环境保护溢油处理相关术语	规定了溢油及其控制的相关术语和定义。提供了大范围溢油清理活动中溢油处理相关的标准术语,包括监视和评价、围控、回收、分散剂的使用、原地燃烧、海岸线清理和处置。适用于与船舶海上溢油处理有关的设计、科研、生产、检验、使用、管理和教学等领域
2	GB/T 29112—2012	船舶防污染术语	规定了船舶油污水处理、船舶生活污水处理、船舶垃圾处理、船舶压载水处理、油船洗舱、防止有毒液体污染、海上溢油处理和船舶大气污染防治等专业领域的术语。适用于各类船舶及海洋平台防污染系统和装置的设计、科研、生产、贸易和教学
3	JT/T 1140.2—2017	交通运输安全应急资源数据元 第2部分:水路	规定了交通运输水路安全应急资源数据元编制的基本要求和分类、数据元及其值域代码集。适用于交通运输水路安全应急资源数据库及相关信息系统对水路安全应急资源数据的采集、交换与共享
4	JT/T 1141—2017	交通运输安全应急平台技术要求	规定了交通运输安全应急平台体系架构与总体功能、部级交通运输安全应急平台及省级交通运输安全应急平台的技术要求。适用于部、省两级交通运输安全应急平台的设计与建设。海事、救捞的部直属单位安全应急平台、地(市)级及以下交通运输安全应急平台的设计与建设可参照使用

第五节 应急决策流程

一、五阶段决策流程

溢油应急决策关键技术和流程决定了溢油应急决策支持和调度指挥系统的功能模块和业务流程。水上溢油事故的应急处置的决策流程大致可分为包括事故报告、初始评估、处置方案、调配方案、动态评估在内的五阶段决策过程,如图2-3所示。

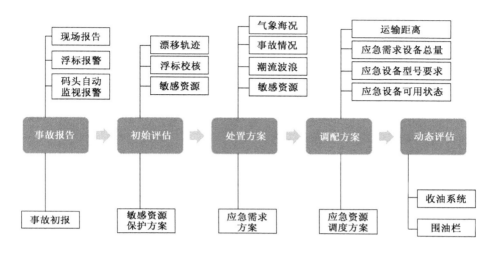

图 2-3 溢油应急决策支持一般流程

二、事故报告阶段

事故报告阶段将获取搜集各类信息,包括现场报告、各类监测报警信息并加以事故发展态势的初步研判,为开展事故初始评估准备好必要的输入数据。按照《防治船舶污染海洋环境管理条例》的要求,事故报告应当包括下列内容:

(1)船舶的名称、国籍、呼号或者编号。

(2)船舶所有人、经营人或者管理人的名称、地址。

(3)发生事故的时间、地点以及相关气象和水文情况。

(4)事故原因或者事故原因的初步判断。

(5)船舶上污染物的种类、数量、装载位置等概况。

(6)污染程度。

(7)已经采取或者准备采取的污染控制、清除措施和污染控制情况以及救助要求。

(8)国务院交通运输主管部门规定应当报告的其他事项。

此外,要求作出船舶污染事故报告后出现新情况的,船舶、有关单位应当及时补报。

三、初始评估阶段

初始评估阶段利用溢油预测数值模型进行漂移扩散轨迹和归宿模拟预测,并对初步的应急措施进行评估,必要时利用跟踪浮标、现场观测和遥感遥测获取的溢油污染面积和漂移动向信息对数值模拟结果进行动态校核。初始评估将形成可能受影响敏感资源的保护方案。

四、处置方案阶段

处置方案阶段根据事故现场信息、模型预测结果智能化生成资源需求方案,分析溢油事故应急处置所需要的应急设备总量及适用于该次事故特征和气象海况的设备能力需求,形成应急需求方案。

五、调配方案阶段

调配方案阶段根据敏感资源保护方案和应急需求方案,通过 GIS(Geographic Information System,地理信息系统)叠加分析、空间分析、最优路径分析等方法,按最快到达原则,智能化选择符合需求方案的设备库和船舶,并生成应急力量调配方案,包括设备调用方案和船舶调用方案。

六、动态评估阶段

动态评估阶段是在应急处置行动实施过程中,通过溢油监视监测、漂移和轨迹预测等手段对溢油漂移范围和动向进行持续跟踪及研判,并根据结果动态调整敏感资源保护方案、应急力量调配方案和现场应急作业方案。

第三章

应急决策支持系统总体框架

第一节　系统概述和总体框架目标

一、系统概述

水上溢油应急决策支持系统通过信息化手段,集成了溢油监视、气象海况、环境资源、应急力量、应急案例、应急预案等各种溢油应急处置相关信息,以溢油漂移轨迹和归宿预测为核心,在 GIS 平台的基础上构建决策支持和调度指挥系统,可智能化生成事故报告、环境敏感资源保护方案、应急力量调度方案、现场处置方案和应急效果评估报告,给予溢油事故应急处置决策支持。

国内外基于溢油模型已成功开发了一系列溢油预报模拟、评价系统和应急反应系统,如国外有 ASA(Applied Science Associates)的 OILMAP 及 NOAA 的 ERMA、日本的 MEGIS❶、澳大利亚的 OSRA、挪威的 OSCAR❷、英国的 OSIS 等;国内有中科院南海海洋所开发的"南海海上溢油漂移扩散预测微机视算系统"❸、国家海洋环境监测中心开发的"海上溢油预报系统"❹、大连海事大学开发的"海

---

❶ MORITA I,NAKANE T,WORLAND L. GIS spreads to oil spill management planning in Japan [J]. GIS Asia Pacific,1998,10/11:26-28.

❷ REED M,EKROL N,RYE H,et. al. Oil spill contingency and response(OSCAR) analysis in support of environmental impact assessment off shore Namibia[J]. Spill science & technology bulletin,1999,5(1):29-38.

❸ 傅孙成,王文质,章凡,等. 南海海上溢油漂移扩散预测微机视算系统[J]. 热带海洋,1994,13(2):88-92.

❹ 张波,吴冠. 中文 Windows 环境下的海上溢油预报系统[J]. 海洋环境科学,1997,16(1):37-41.

上溢油应急反应专家系统"❶与"海上溢油应急反应模拟训练系统"❷等、交通运输部水运科学研究院研发的"基于三维 GIS 的海上溢油应急决策支持与调度指挥平台"❸等。

二、总体框架目标

水上溢油应急决策支持系统是在多元信息采集的基础上构建静态和动态数据,建立模型库,通过服务器计算中心提供溢油应急多元海量信息采集与处理系统、监视监测与预测预警的动态集成系统、应急资源动态管理系统、溢油应急处置演习演练仿真系统、调度指挥通信系统、溢油应急调度指挥辅助决策、清污效果评估系统、溢油应急信息发布系统等,总体以"基于三维 GIS 的海上溢油应急决策支持与调度指挥平台"(Oil Spill Emergency Response Based on 3D,OSER3D)为展现平台,系统框架目标如图 3-1 所示。

决策支持与调度指挥平台通过互联网、专网、邮件群、Web 服务、移动通信、出版物、邮件群等方式,可为国家级、省级、市级溢油事故应急指挥机构以及其他溢油应急力量(清污公司、港航企业、社会公众等)提供溢油应急技术支持服务、演习演练仿真服务、溢油应急资源查询、年度溢油事故统计分析报告、溢油应急调度指挥培训、公益宣传等服务。

平台的静态数据库包括地理数据、港口设施、敏感资源、应急资源、油品特性、知识库、应急措施、法规标准等。地理数据包括海图、卫星影像等,港口设施包括码头、岸上储罐、航道锚地等,敏感资源包括岸线及 ESI(Environmental Sensitivity Index)指数、保护区、养殖区、旅游区等,应急资源包括设备库、应急队伍、应急专家等,油品特性包括 MSDS(Material Safety Data Sheet,化学品安全说明书)、物化特性、泄漏应急措施等,知识库包括规则集、方法库、典型事故案例等,应急措施包括岸线保护、养殖区保护、自然保护区防护等,法规标准包括法律法规、标准规范、应急预案、国际公约等。

平台的动态数据库包括船舶及海上设施的雷达、LRIT(Long Range Identification and Tracking of ships,船舶远程识别与跟踪系统)、AIS、VTS、GPS、RFID(Radio Frequency Identification,射频识别)、VHF、CCTV(Closed Circuit Televi-

---

❶ 殷佩海,任福安.海上溢油应急反应专家系统[J].交通环保,1996,14-17.

❷ 刘彦呈,任光,殷佩海.海上溢油应急反应基于 GIS 的模拟训练系统研究[J].系统仿真学报,2004,16(11):2445-2447.

❸ 陈荣昌,兰儒.海上溢油应急决策支持与调度指挥平台研发及应用[J].中国水运,2016(1):23-25.

sion,闭路电视系统)等动态信息、气象海况等实时环境信息、事故情况和污染情况信息、溢油监视监测信息等。

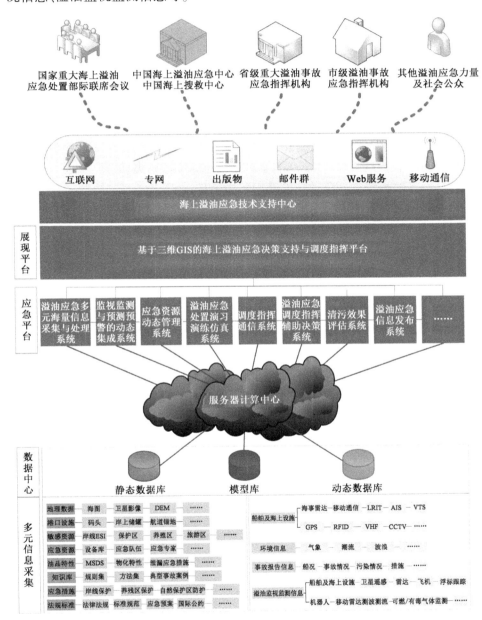

图 3-1　平台系统框架目标

第二节　GIS 平台的集成

一、地理信息系统

从 20 世纪 60 年代初提出 GIS 概念和 60 年代中期建立了世界上第一个地理信息系统(GIS)以来,随着计算机技术和网络通信技术的迅速发展,GIS 技术发展非常快,应用非常普遍,已经深入到人类生产和生活的各个方面。GIS 是以地理空间数据库为基础,在计算机软件和硬件环境的支持下,运用系统工程和信息科学的理论和方法,综合地、动态地对空间数据进行采集、储存、管理、分析、模拟和显示,实时提供空间和动态的地理环境信息,并服务于辅助决策的空间信息系统。GIS 广泛应用于资源调查与利用、环境监测与治理、城市规划与管理、灾情预报与抢险救灾、工程规划与建设等。

二、决策支持系统

决策支持系统(Decision Support System,DSS)是以管理学、运筹学、控制论、行为科学和人工智能为基础,运用信息仿真和计算机手段,综合利用现有的各种数据库、信息和模型来辅助决策者或决策分析人员解决结构化和半结构化问题,甚至非结构化问题的人机交互系统。DSS 以提高决策为目标,对决策者起着"支持""辅助"的作用,帮助决策者进行高水平的决策。总体而言,DSS 是能对计划、管理、调度、作战指挥和方案优化等应用问题进行辅助决策的计算机程序系统。

一般的,DSS 可以描述为交互式的软、硬件系统,它可以帮助决策者从计算机数据库中提取数据和信息;由数据形成判断;用模型辅助提出决策问题;计算最优解;支持决策者进行判断以形成决策方案;预测决策方案的效益或效率;进行决策方案优选。

王家耀等人❶首先对 GIS 和 DSS 的定义、结构及其基本功能作了简要分析,分析了二者进行集成的必要性和可行性,在此基础上提出了基于 GIS 的空间决策支持系统(SDSS)作为 DSS 的一个新的研究分支,是一个解决与空间有关问题的决策支持系统。

---

❶　王家耀,周海燕,成毅.关于地理信息系统与决策支持系统的探讨[J].测绘科学,2003,28(1):1-5.

三、矢量海图集

VCF（Vector Chart Format）是"矢量海图格式"的英文缩写，该格式为"VCF标准"）。目前，我国发行的矢量数字海图数据格式执行该标准。平台采用类似S57图库的管理办法。支持中文版电子海图符号体系，拥有独创的S52 for VCF让VCF格式海图的显示更加接近S57。

大多数GIS系统都具有高级应用开发语言、开发环境以及开发组件，如ArcGIS的AML（ARC Marco Language）、ODE（Open Development Environment）、MapObjects和ArcObjects，ArcView的Avenue等。利用这些系统开发语言、开发环境及其组件，可结合DSS技术基于GIS平台开发SDSS。

四、基于WebGIS的系统集成方法

集成（Integration）是现代电子技术和计算机发展带来的新概念。到目前为止，集成在概念上尚未取得一致，但普遍的看法是强调原本不是一体或不同源的组成要素间的有机结合，而不是简单的互连。20世纪80年代后期，GIS与环境模型的集成问题开始为人们所关注。古德柴尔德（Goodchild）❶是最早对GIS与空间分析模型集成或耦合问题进行专门论述的，此后众多学者和应用人员对两者集成的依据、范式和途径做了不同层次和侧面的研究❷。

国内外基于溢油模型也已成功开发了一系列溢油预报模拟、评价系统和应急反应系统，如美国的OILMAP、日本的MEGIS、澳大利亚的OSRA、挪威的OS-CAR、英国的OSIS等；中科院南海海洋所的"南海海上溢油漂移扩散预测微机视算系统"，国家海洋环境监测中心的"海上溢油预报系统"，大连海事大学的"海上溢油应急反应专家系统"与"海上溢油应急反应模拟训练系统"等。在上述系统中，有一些系统在溢油模型建立过程中结合了GIS技术，如利用GIS技术对溢油模拟所需的空间数据进行获取、处理、存储和管理，以及对模拟结果的处理和可视化表达等。环境模型与GIS的数据交换形式和结合方式有三种：松散结合、紧密集成和完全集成。当前，对于环境模型与GIS的结合大多趋向于松散结合或紧密集成❸。松散结合虽然对集成技术要求不高，容易实现，但使用不便、效

❶ GOODCHILD M F, HAINING R P, WISE S, et al. Integrating GIS and spatial analysis: problems and possibilities[J]. International Journal of Geographical Information Systems, 1992, 6(5): 407-423.

❷ 柏延臣, 李新, 冯学智. 空间数据分析与空间分析模型[J]. 地理研究, 1998, 18(2): 185-190.

❸ LI Y, BRIMICOMBE A J, RALPHS M P. Spatial data quality and sensitivity analysis in GIS and environmental modeling: the case of coastal oil spills[J]. Computers environment and urban systems, 2000, 24: 95-108.

率低、易出错;在完全集成形式上虽有一些尝试,如美国 ASA 基于 ArcView 开发的 OILMAPAV❶,真正严格意义上的完全集成尚不多见。这是由于完全集成的技术要求高,开发周期长且费用高;相比之下,紧密集成方式是向用户提供方便、全面、有效的 GIS 技术及其强大的空间分析功能的有效手段。

第三节　溢油预测模型系统

一、模型系统组成

溢油在海面上的运动及变化是一个极其复杂的过程,受其物理、化学和生物等过程的影响,且与石油的性质、海洋水动力环境及海洋气象环境等密切相关,这些过程包括漂移、扩散、蒸发、溶解、乳化和沉降以及浮油和海岸线的相互作用等,其中漂移、扩散等动力学过程是国内外溢油研究的重点。20 世纪 60 年代,欧美等国家已开始对海上溢油进行预测,并发展了许多溢油模式,我国对海上溢油的研究始于 20 世纪 80 年代,许多学者曾对溢油模式进行了研究,改进了现有溢油模型或自主研发了适用于某海域的溢油模型。

一般来说,溢油预测模型主要由海洋动力模型(风场预报和潮流场预报模型)、溢油漂移轨迹和风化归宿模型等三类核心模型组成,此外,还可包括风险评估模型、应急力量搜索匹配模型、应急效果评估模型、环境损害赔偿模型等。

二、水动力模型

海上溢油数学模型的研究是在海洋数值模型研究成果的基础上发展起来的。20 世纪 60 年代,随着电子计算机运算速度的提高,人们开始了对海洋环境数值模拟预报的研究和试验。目前,常用的海洋水动力学数值模型主要包括 POM、ECOM、FVCOM、HYCOM、HAMSOM 等❷。

POM 模型(Princeton Oceanic Model)是由普林斯顿大学的 Blumberg 等开发的三维河口海洋数值模型,是当今国内外应用较为广泛的河口和近岸海洋模式,同样适用于中国海域的数值模拟研究。

ECOM(3D Estuarine,Coastal and Ocean Model)是由 Blumberg 等人在 POM 的基础上发展起来的较为成熟的浅海三维水动力模型,适用于浅水环境,如河

---

❶　ASA integrates models with ArcView,http://www.appsci.com/news/august.html.
❷　牛志刚.珠江口溢油预测预警与应急决策技术研究[D].青岛:中国海洋大学,2012.

流、海湾、河口和近岸区域以及水库和湖泊。近年来,黏性沉积物再悬浮、沉积、输运等概念被引入到 ECOM 模式中,ECOM 考虑了示踪物、底边界层、表面波模型、沉积物输运以及溶解物和沉积物的边界示踪物容量等,发展为目前的ECOM-SED 模式。

FVCOM 模型(The Unstructured Grid Finite-Volume Community Ocean Model)是由 UMASSD-WHOI 联合开发的预测、非结构化网络、有限体积、自由表面、3-D原始方程沿海海洋环流模型。FVCOM 模型的数值方法采用有限体积法,综合了现有海洋研究中的有限差分和有限元模型的优点。在水平方向上采用非重叠无结构化的三角形网格,有助于复杂边界的拟合与进行局部的加密,特别是在研究岛屿多、岸线复杂的问题上表现突出。在垂直方向采用 σ 坐标变换,可以更好地拟合复杂的海底地形。该模型基于 Fortran 90/95 标准,且在 MPI (Message Passing Interface)的框架下实现计算并行化,可以在共享内存及分布式内存多计算节点的高性能计算机上实现并行快速模拟。该模型具有并行计算版本和单机版本,计算机载体和操作系统适用性强,可以实现在 Windows 和 Linux 操作系统上的运行。

HAMSOM(Hamburg Shelf Ocean Mode)模型是基于德国汉堡大学开发的三维斜压原始方程的数值海洋模式,在水平方向上采用半显格式的 c 网格。为简化计算,模型采用深度坐标 Z 的垂向分层模式,控制方程则建立在分层上。通过对原始方程进行层内积分,得到层积分方程,可以把三维计算转化为二维计算。

HYCOM(Hybrid Coordinate Ocean Model)模型是在美国迈阿密大学等密度面坐标海洋模式(MICOM)的基础上发展起来的全球海洋环流模式,保留了 MI-COM 等密度面坐标的优点,并采用垂向混合坐标,可以在开阔的层化海洋中采用等密度面坐标,然后平滑地过渡到浅海或陆架区域的随地坐标,在混合层或层化不明显的海域则采用 Z 坐标。混合坐标扩展了传统等密度向坐标海洋模式的适用范围,能够弥补等密度面坐标的不足。

除此之外,世界上有很多种海洋模式,各海洋模式都具有不同的特点和优势,要根据实际海域情况,结合模拟需求和海域物理特征来选取适当的数值模式,并充分考虑到溢油模式的输入数据要求进行选择。

三、溢油漂移轨迹和风化归宿模型

1. 模型发展概况

20 世纪 60 年代,欧美等国家已开始对海上溢油的漂移和扩散行为进行预测,并研究和发展了多种溢油模式❶。我国对海上溢油的研究始于 20 世纪 80 年代,许多学者曾对溢油模式进行了研究,也取得了较大进展❷。

对于溢油在水中的行为和归宿的模拟,主要考虑漂移、延展和风化等过程。漂移过程考虑溢油在流场、风场等动力因素作用下的漂移运动以及包含在其中的随机性。延展过程考虑溢油在重力、表面张力、惯性力和黏性力作用下的物理扩展。风化过程考虑溢油的蒸发、溶解、乳化、光氧化和生物降解等风化过程引起的化学变化。其中,溢油漂移和延展等动力学过程是国内外溢油研究的重点。

(1)漂移过程

早期的溢油模型仅考虑漂移过程,包括 Coast Guard(Ⅱ)模型❸、Navy 模型❹等。漂移过程需考虑风场、潮流场、科氏力等作用过程,从数值模型原理上,可分为对流扩散模式和油粒子模式。对流扩散模式由于其数值离散化过程中造成的结果失真,再加上溢油运动的某些过程难以用流扩散方程来模拟❺,目前主流的方法是油粒子模式。油粒子模式最早是 Johansen 和 Elliot 等提出的❻,该方法通过把溢油分成许多离散的小油滴来模拟溢油在海水中的漂移扩散过程,可以直接模拟出扩散方程的实际物理现象,而不是去求解扩散方程。很多室内和现场实验都支持油粒子模式,国内外很多学者对其进行了应用和发展,并得到了较理想的结果❼-❿。

❶ REED M,JOHANSEN O,BRANDVIK P J,et al. Oil spill modeling towards the close of the 20th century:overview of the state of the art [J]. Spill Science & Technology Bulletin,1999,5(1):3-16.

❷ 李冰绯.海上溢油的行为和归宿数学模型基本理论与建立方法的研究[D].天津:天津大学,2004.

❸ 杨红,洪波,陈莎.海洋溢油模型及其应用研究进展[J].海洋湖沼通报,2007,2(2):157-160.

❹ 赵文谦,武周虎.海面瞬时溢油油膜扩延范围确定[J].成都科技大学学报,1988(5):63-72.

❺ 刘伟峰,孙英兰.海上溢油运动数值模拟方法的探讨与改进[J].华东师范大学学报(自然科学版),2009,(3):90-97.

❻ JOHANSEN O. The Halten Bank experiment-observations and model studies of drift and fate of oil in the marine environment[C]. Proceedings of the 11th Arctic Marine Oil Spill Program(AMOP) Technical Seminar. Environment Canada,1984:18-36.

❼ 张存智,窦振兴,韩康,等.三维溢油动态预报模型[J].海洋环境科学,1997,16(1):22-29.

❽ ELHAKEEM A A,ELSHORBAGY W,CHEBBI R. Oil spill simulation and validation in the Arabian(Persian) Gulf with special reference to the UAE coast[J]. Water Air Soil Pollution,2007,184:243-254.

❾ CHEN H Z,LI D M,LI X. Mathematical modeling of oil spill on the sea and application of the modeling in Daya bay[J]. Journal of Hydrodynamics,2007,19(3):282-291.

❿ WANG S D,SHEN Y M,GUO Y K,et al. Three-dimensional numerical simulation for transport of oil spill in seas[J]. Ocean Engineering,2008,35:503-510.

（2）延展过程

对延展过程的研究,则大多基于Fay❶在1969年提出的惯性扩展、黏性扩展和表面张力扩展的三阶段经典理论,其后有诸多基于该理论的研究成果,如Mackay❷在Fay的第二阶段公式中加上风的影响并分别建立了厚油膜和薄油膜扩展的计算公式;刘肖孔等❸综合溢油三个阶段的扩展机理,提出了扩展尺度随时间统一变化的公式;W J Lehr,R J Fraga和M S Belen❹对Fay的理论进行了修正,建立了油膜将在风向上被拉长的椭圆模型;武周虎和赵文谦❺同时考虑了油膜扩展和各向异性扩散作用以及油膜边缘消失的过程,建立了扩散范围的数学模型。

（3）风化过程

油膜的化学变化主要是风化作用引起的。风化是一个综合过程,包括挥发、乳化、溶解、光氧化和生物降解等。风化模型主要有挪威的IKU模型❻、美国NOAA的ADIOS模型❼、英国的OSIS模型❽、Sebastiao & Guedes-Soares模型❾等。

（4）综合模型

目前,对于溢油预测模型的研究趋于全面和深入,均综合考虑了漂移、延展、风化等溢油在水中和水面的各个物理化学过程。随着计算机技术和地理信息系统技术的发展,各发达国家相继开展了溢油预测模拟信息系统研发❿,如美国的Oilmap系统、丹麦的MIKE 21 OS、SPEARS系统、英国的OSIS系统、挪威的Oscar

---

❶ FAY J A. The spread of oil slicks on a calm sea[J]. Oil on the Sea, D. P. Hount(ed). Plenum Press, New York,1969,53-63.

❷ MACKAY D,PATERSON S,TRUDEL K. A mathematical model of oil spill behavior[R]. Environment Canada Report EE-7,1980.

❸ LIU S L,LEENDERTES J J. A3-D oil spill model with and without ice cover[C]//Proc of the Internal Symposium oil Mechanics of Oil Slicks. Paris,France:[s. n.],1981.

❹ LEHR W J,CEKIRGE H M,FRAGA R J,et al. Empirical studies of the spreading of oil spills[J]. Oil and Petrochemical Pollution,1984(2):7-12.

❺ 武周虎,赵文谦.海面溢油扩展、离散和迁移组合模型[J].海洋环境科学,1992,11(3):33-40.

❻ 严志宇,熊德琪,段佩海.海上溢油风化模型评述[J].大连海事大学学报,2001,27(4):36-38.

❼ LEHR W J,OVERSTREET R. ADIOS-Automated Data Inquiry for Oil Spills[R]. Proceedings of the Fifteenth Arctic and Marine Oil Spill Program Technical Seminar. 1992:31-35.

❽ LEECH M,WALKER MICHAEl. OSIS:A Windows 3 Oil Spill Information System[R]. Proceedings of 16th Arctic Marine Oil Spill Program Technical Seminar. 1993.549-572.

❾ SEBASTIAO P,GUEDES-SOARES C. Modeling the Fate of Oil Spill at Sea[J]. Spill Science&Technology Bulletin. 1995,2 (2/3):121-131.

❿ 严世强,王辉,熊德琪,等. 基于GIS的溢油应急信息系统潮流快速预报及其应用研究[J].浙江海洋学院学报(自然科学版),2005(1):1-8.

系统、荷兰的 MS4 及 Delft 3D-PART 系统❶、比利时的 MU-SLICK 系统和日本的溢油灾害对策系统等。另外,瑞典、韩国等也相继开发了自己的系统。我国有关溢油应急预报系统方面的研究目前已取得一定的成果,如大连海域❷、珠江口❸区域均建立了适用于该海区的溢油预测模型。

2. Oilmap 模型概述

在上述综合溢油模型中,应用最为广泛的是美国 ASA 公司(Applied Science Associates,Inc.)研发的 Oilmap 溢油预测模型❹,其原理是基于 Lagrangian 粒子跟踪算法,考虑由于风、流、物理分散作用和 STOKES 散射等引起的粒子移动❺。

1984 年,McCay Deborah French 开始将溢油模型用于自然资源损害评估(Natural Resource Damage Assessment,NRDA),ASA 公司将该溢油模型发展为一个集成了 GIS 功能的溢油应急系统,此后 Oilmap 溢油预测模型在溢油风险评估方面有了较多应用。McCay Deborah French 利用 Oilmap 溢油预测模型对 Exxon Valdez 轮溢油事故进行模型验证工作。Oilmap 溢油轨迹和归宿模型也被集成进 ASA 的 SIMAP 溢油生态影响评估模型,并应用在溢油对水生生态的毒性效应影响评估中。

Oilmap 采用水陆网格定义的陆域范围确定水陆边界和模拟预测范围,另外也可导入 ArcGIS 的 shape、Mapinfo 的 mif、C-map 等文件对水陆边界进行定义。模型在输入水流场、风场、温度等水环境、气象数据以及事故现场数据后,通过粒子追踪模型、风化及归宿模型等内建数学模型对溢油漂移和归宿进行情境模拟,预测溢油的迁移轨迹和转化过程。

Oilmap 的油膜漂移轨迹和归宿模型适用于一阶降解的油膜漂移快速预测。模型预测油膜的水面漂移轨迹,同时油膜归宿即风化过程遵守质量守恒定律。用户可以指定瞬时的或连续的泄漏源。泄漏的油品被概化成一定数量的油粒子,每个油粒子代表泄漏油品总量的相应分数。

❶ Delft 3D-PART User Manual[M]. Netherlands:WL|Delft Hydraulics,2003.

❷ 熊德琪,杜川,赵德祥,等.大连海域溢油应急预报信息系统及其应用[J].交通环保,2002(3):5-7 +24.

❸ 熊德琪,杨建立,严世强.珠江口区域海上溢油应急预报信息系统的开发研究[J].海洋环境科学,2005(2):63-66.

❹ Applied Science Associate,Inc. Oilmap Version 6.1 User Manual[M]. Narragansett:Applied Science Associate,Inc,2007.

❺ Applied Science Associate,Inc. Technical Manual Oilmap for Windows[M]. Narragansett:Applied Science Associate,Inc,2004.

油粒子在风力和水流以及随机紊动扩散的双重作用下进行平流迁移运动。这些作用力的联合作用将影响到油粒子的迁移轨迹和最终归宿。Oilmap 模型运行流程示意图如图 3-2 所示。

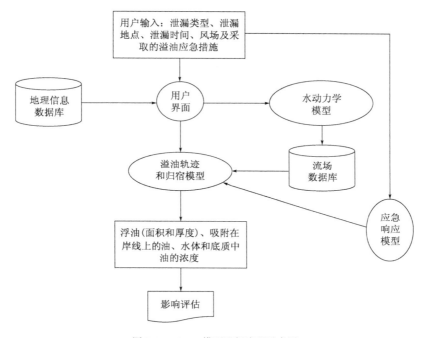

图 3-2　Oilmap 模型运行流程示意图

3. 油膜漂移过程

在风力、流的联合作用下,油膜产生位移的物理过程是推流和扩散过程。推流过程采用拉格朗日粒子追踪方程模拟。扩散过程采用随机游动方程。

（1）推流

Oilmap 模型假设泄漏油品可概化成独立的具有已知质量的拉格朗日粒子。油粒子在 t 时刻的位置向量表示为 $\vec{X}_t$,见式（3-1）。

$$\vec{X}_t = \vec{X}_{t-1} + \Delta t \vec{U}_{\text{oil}} \tag{3-1}$$

式中:Δt——时间步长,s;

$\vec{X}_{t-1}$——表面油粒子位置,在 $t-1$ 即 $t-\Delta t$ 时刻;

$\vec{U}_{\text{oil}}$——油膜漂移速率,m/s。

粒子的漂移速率 $\vec{U}_{\text{oil}}(\text{m/s})$ 计算公式见式(3-2)。

$$\vec{U}_{\text{oil}} = \vec{U}_{\text{w}} + \vec{U}_{\text{t}} + \vec{U}_{\text{r}} + \alpha \vec{U}_{\text{e}} + \beta \vec{U}_{\text{p}} \qquad (3\text{-}2)$$

式中：$\vec{U}_{\text{w}}$——由风力和波浪作用产生的速度分量，m/s；

$\qquad \vec{U}_{\text{t}}$——流作用产生的速度分量，m/s；

$\qquad \vec{U}_{\text{r}}$——余流(如密度流)作用产生的速度分量，m/s；

$\qquad \vec{U}_{\text{e}}$——埃克曼流作用产生的速度分量，m/s；

$\qquad \vec{U}_{\text{p}}$——喷射流作用产生的速度分量，m/s；

$\qquad \alpha$——表面漂浮粒子取值0，水面下粒子取值1；

$\qquad \beta$——非喷射型泄漏取值0，喷射型泄漏取值1。

流速度分量 $\vec{U}_{\text{t}}$ 和余流速度分量 $\vec{U}_{\text{r}}$，由流场数据插值得到。

(2)风力系数

风力系数是油膜漂移速率与风速的比值。油膜漂移速率 U_{WC}(东，m/s)和 V_{WC}(北，m/s)，分别由式(3-3)和式(3-4)计算。

$$U_{\text{WC}} = C_1 U_{\text{W}} \qquad (3\text{-}3)$$
$$V_{\text{WC}} = C_1 V_{\text{W}} \qquad (3\text{-}4)$$

式中：U_{W}——风速的东向分量，m/s；

$\qquad V_{\text{W}}$——风速的北向分量，m/s；

$\qquad C_1$——风力系数，%。

风力系数 C_1 是一个常数，根据实测结果，C_1 的变化范围为 $1.0\% \sim 4.5\%$。一般在开放水域和中等风力情况下，C_1 取值 $3\% \sim 3.5\%$，而在封闭或半封闭的海湾 C_1 取小值。如果表面流场计算已经考虑到风力因素，则由于风力驱动的漂移作用已经在表面流场中考虑了，风力系数应相应地减小。

(3)风偏角

风偏角是风向与油膜漂移方向的夹角，顺时针为正。风力引起的漂移速率，U_{Wd}(东向，m/s)和 V_{Wd}(北向，m/s)由式(3-5)式(3-6)计算。

$$U_{\text{Wd}} = U_{\text{WC}}\cos\theta + V_{\text{WC}}\sin\theta \qquad (3\text{-}5)$$
$$V_{\text{Wd}} = -U_{\text{WC}}\sin\theta + V_{\text{WC}}\cos\theta \qquad (3\text{-}6)$$

式中：U_{Wd}——考虑风偏角的风速的东向分量，m/s；

$\qquad V_{\text{Wd}}$——考虑风偏角的风速的北向分量，m/s；

$\qquad \theta$——风偏角，°。

风偏角是一个常数,默认值是 0,一般在高纬度地区取较小的正值。

(4)扩散

模型加入了随机游动扩散过程用于描述在输入流场分辨率尺度以下的弥散过程。油膜的弥散距离,x_{dd}(东向,m)和 y_{dd}(北向,m),Bear 和 Verruijt 提出的计算公式见式(3-7)和式(3-8)。

$$x_{dd} = \gamma \sqrt{6D_x \Delta t} \qquad (3-7)$$

$$y_{dd} = \gamma \sqrt{6D_y \Delta t} \qquad (3-8)$$

式中:D_x——东西向的水平弥散系数,m^2/s;

D_y——南北向的水平弥散系数,m^2/s;

Δt——时间步长,s;

γ——随机数,$-1 \sim +1$。

水平弥散系数 D_x 和 D_y 通常是相等的,表 3-1 是其典型值。

弥散系数典型值 　　　　　　　　　　　　　　表 3-1

环 境 条 件	弥散系数,m^2/s
高能量的开放环境	>10
中等能量水平	5~10
低能量水平	2~3

4. 油膜风化过程

Oilmap 溢油漂移轨迹和归宿模型集成了漂移轨迹算法和一系列的归宿算法模拟油膜风化过程的结果。模型模拟的归宿过程包括延展、蒸发、水体携带、乳化和岸线吸附。计算过程遵守质量守恒定律,涵盖了水面上的、水体中的、大气中的、吸附在岸线上的以及在溢油过程中从泄漏区域清除的泄漏油品分数。

(1)延展过程

延展过程决定了表面浮油的面积扩展,从而进一步影响水面油膜的蒸发、溶解、扩散和光氧化作用。延展是湍流扩散以及重力、惯性、黏性和表面张力平衡的联合作用结果。

很多年以来,Fay 的三阶段延展理论一直被广泛应用。Mackay 等修正了 Fay 的三阶段延展理论,把浮油描述为薄油膜和厚油膜。Mackay 等的方法采用了基于 Fay 后期延展行为的经验公式。他们的理论假定较厚的浮油将逐渐转化为较薄的浮油,并且浮油总面积的 80% ~90% 由薄油膜表示。

Oilmap 模型只模拟重量占浮油 90% 以上的厚油膜。由于厚油膜延展而造成的浮油面积的变化速率 $\tilde{A}_{tk}$(m^2/s)的计算式见式(3-9)。

$$\tilde{A}_{tk} = \frac{dA_{tk}}{dt} = K_1 A_{tk}^{1/3} \left(\frac{V_m}{A_{tk}}\right)^{4/3} \tag{3-9}$$

式中：A_{tk}——浮油表面积，m^2；

K_1——延展速率常数，$1/s$；

V_m——浮油体积，m^3；

t——时间，s。

由式(3-9)的敏感性分析发现，粒子的数量多少将影响计算结果。Kolluru提出了用于校正粒子数量变化对式(3-9)求解影响的公式，单个油粒子的表面积变化速率 $\tilde{A}_{tk}$(m^2/s)的计算式见式(3-10)。

$$\tilde{A}_{tk} = \frac{dA_{tk}}{dt} = K_1 A_{tk}^{1/3} \left(\frac{V_m}{A_{tk}}\right)^{4/3} \left(\frac{R_s}{R_e}\right)^{4/3} \tag{3-10}$$

式中：A_{tk}——单个油粒子的表面积，m^2；

K_1——延展速率常数，$1/s$；

V_m——单个油粒子的体积，m^3；

R_s——单个油粒子的半径，m；

R_e——浮油的有效半径，m。

浮油的有效半径 R_e(m)，由式(3-11)计算：

$$R_e = \left[\left(\frac{1}{\pi}\right)\sum_{n=1}^{N} A_{tk}\right]^{1/2} \tag{3-11}$$

式中：A_{tk}——单个油粒子的表面积，m^2；

N——表示浮油的油粒子数量。

(2)蒸发过程

蒸发过程可导致20%～40%的浮油从水面进入大气，具体百分比取决于油种。蒸发速率取决于表面积、厚度、蒸汽压和物质迁移系数，而物质迁移系数是油组分、风速和气温的函数。油品的组分会随着油品的蒸发而发生变化，影响其密度和黏度，进而影响蒸发过程。挥发性最强的碳氢化合物(碳数量小)蒸发最快，典型蒸发过程小于一天，有时甚至小于一小时。随着油品的不断风化，一旦形成水/油乳状物，则蒸发过程将被显著减弱。蒸发模型假定油品在浮油中是完全混合的。对于又厚又黏的浮油，完全混合的假定并不适用，且实际上新鲜的油品在几天甚至几星期内都会滞留在黏性的油-水乳状物中。

油品蒸发率 F_V 计算式见式(3-12)。

$$F_V = \ln\left[1 + B(T_G/T)\,\theta\exp(A - BT_0/T)\right]\left[T/(BT_G)\right] \tag{3-12}$$

式中：T_0——修正的蒸馏曲线的初沸点，K；

　　　T_G——修正的蒸馏曲线的梯度；

　　　T——环境温度，K；

　　A,B——无量纲常数，对典型原油，$A = 6.3$，$B = 10.3$；

　　　θ——蒸发能力。

蒸发能力 θ 可由式(3-13)计算。

$$\theta = \frac{K_m A t}{V_0} \tag{3-13}$$

式中：K_m——质量迁移速率，m/s；

　　　A——浮油面积，m^2；

　　　t——时间，s；

　　　V_0——浮油体积，m^3。

（3）水体携带过程

水面浮油暴露在风和浪中，浮油会被携带或扩散进入水体。水体携带过程使较小的油粒子进入水体，进一步被打碎、溶解、分散或再浮回水面。由油粒子表征的表面积的增加使得溶解和光氧化作用加速。水体携带过程与湍流密切相关，且在波浪能量较高的区域相关性更强。

水体携带是一种物理过程，在破碎浪的作用下，肉眼可见的油滴从水面迁移到水体中。可以观察到被携带的油品被破碎成大小不一的油粒子，并在水体中延展和扩散。由水面的风和波浪引起的破碎浪是水体携带过程的主要能量源。水体携带作用也受到较强的溶解作用和生物降解过程的影响。

Delvigne 和 Sweeney 提出了水体携带速率 Q_d（kg/m^2·s）和油粒子大小之间的关系，见式(3-14)。

$$Q_d = C^* D_d^{0.57} SF d^{0.7} \Delta d \tag{3-14}$$

式中：C^*——与油种和风化状态相关的水体携带速率经验常数；

　　　D_d——单位表面积耗散的破碎波能量，J/m^2；

　　　S——浮油覆盖的水面面积分数；

　　　F——受破碎浪侵袭的水面面积分数；

　　　d——油粒子直径，m；

　　　Δd——油粒子直径差，m。

水体携带速率经验常数 C^*，根据 Delvigne 和 Hulsen 提出的计算公式式(3-15)计算。

$$C^* = \exp\left[a\ln(\mu) + b \right] \tag{3-15}$$

式中:μ——油的黏度,cP;

当 $\mu < 132$ 时,$a = -0.1023$,$b = 7.572$;

当 $\mu > 132$ 时,$a = -1.8927$,$b = 16.313$。

油粒子平均直径,d_{50}(μm)由式(3-16)计算。

$$d_{50} = 1818(E)^{-0.5}\left(\frac{\mu}{\rho_0}\right)^{0.34} \tag{3-16}$$

式中:E——单位体积的波能耗散率,J/m^3·s,对于破碎浪 E 取值 1000J/m^3·s;

μ——油的黏度,cP;

ρ——油的密度,gm/cm^3。

油粒子的最小和最大粒径,d_{min} 和 d_{max}(μm)由式(3-17)和式(3-18)计算。

$$d_{min} = 0.1d_{50} \tag{3-17}$$

$$d_{max} = 2.0d_{50} \tag{3-18}$$

水体携带过程对以下两个参数较为敏感:

一是耗散的波能,D_d(J/m^2),见式(3-19)。

$$D_d = 3.4 \times 10^{-3}\rho_w gH^2 \tag{3-19}$$

式中:ρ_w——水的密度,kg/m^3;

g——重力加速度,m/s^2;

H——破碎浪浪高的均方根,m。

二是单位时间受到破碎浪影响的水面面积分数,F,计算公式见式(3-20)。

$$F = 0.032(U_W - U_T)T_W \tag{3-20}$$

式中:U_W——水面10m处的风速,m/s;

U_T——破碎浪形成的风速阈值,约为5m/s;

T_W——典型的波浪周期,s。

被携带进入水体的浮油总质量,M_e(kg)的计算式见式(3-21)。

$$M_e = A\mathrm{d}t\int_{d_{min}}^{d_{max}} Q_d\delta d \tag{3-21}$$

式中:A——水面浮油的面积,m^2;

$\mathrm{d}t$——时间步长,s;

Q_d——水体携带速率,kg/m^2·s。

侵入深度 Z_m(m)由式(3-22)计算。

$$Z_m = 1.5H_b \tag{3-22}$$

式中：H_b——破碎浪的浪高，m。

不同粒径油粒子的上浮速率，W_i（m/s）由式（3-23）计算。

$$W_i = d_i^2 g(1 - \rho_0/\rho_w)/18v_w \qquad (3\text{-}23)$$

式中：d_i——油粒子粒径，m；

　　g——重力加速度，m/s²；

　　ρ_0——油的密度，kg/m³；

　　ρ_w——水的密度，kg/m³；

　　v_w——水的黏度，m²/s。

上述关系采用 Stoke's 定律，雷诺数取小值（$R_e < 20$）。不同粒径的油粒子混合深度 Z_i（m）由式（3-24）计算。

$$Z_i = \max\left(\frac{D_v}{W_i}, Z_m\right) \qquad (3\text{-}24)$$

式中：D_v——垂直弥散系数，m²/s。

垂直弥散系数 D_v（m²/s）由式（3-25）计算。

$$D_v = 0.0015W_{10} \qquad (3\text{-}25)$$

式中：W_{10}——10m 处风速，m/s。

不同粒径的油粒子再上浮到水面的质量分数 R_i 由式（3-26）计算。

$$R_i = \frac{W_i dt}{Z_i} \qquad (3\text{-}26)$$

式中：dt——时间步长，s。

（4）乳化过程

水-油乳化物或称为乳胶状物的形成取决于油的组分和水环境条件。乳化油可能有 80% 是以连续相油存在的微米级油粒子。一般乳化油的黏度要高于形成乳化油之前的油品黏度。由于水的混入，油/水混合物的体积明显加大。

乳化物的形成是一种表面活化的结果，过程类似于极性物质和沥青混合物。由于原油中存在芳香族溶剂，此类混合物在很多种原油中可保持稳定。风化作用使得芳香族逐渐消耗掉，沥青质便开始出现沉降。沉降的沥青减弱了油-水界面的表面张力，促成乳化过程开始。由于油-水界面的瓦解或变形，水进入油相。油-水界面变形的可能原因包括湍流、毛细管作用形成的波纹、瑞利-泰勒不稳定性和开尔文-赫尔曼不稳定性。在沉降的沥青质作用下，油相中的水滴可稳定存在。Mackay 等提出采用用户输入参数值（乳胶状物的黏度系数和乳化率）的方法计算乳化过程，可用于降低乳化过程将要发生时刻的乳化率计算值。

Mackay 等提出了乳胶状物形成过程的指数增长关系式。水混入油相的速

率 $\widetilde{F}_{wc}(s^{-1})$ 的计算方法见式(3-27)。

$$\widetilde{F}_{wc} = \frac{dF_{wc}}{dt} = C_1 U_W^2 \left(1 - \frac{F_{wc}}{C_2}\right) \tag{3-27}$$

式中：U_W——风速，m/s；

C_1——经验常数：对于乳化油是 2×10^{-6}，其他取 0；

C_2——常数(用于控制水分的最大比例)，重质燃料油和原油取 0.7；

F_{wc}——水在油相中的最大比例(油品特性参数)。

乳化油的黏度 $\mu(cP)$ 的计算公式见式(3-28)：

$$\mu = \mu_0 \exp\left(\frac{2.5F_{wc}}{1 - C_0 F_{wc}}\right) \tag{3-28}$$

式中：μ_0——油品初始黏度，cP；

F_{wc}——水在油相中的最大比例；

C_0——乳化常数，取 0.65。

蒸发对黏度的影响 $\mu(cP)$ 的计算公式见式(3-29)。

$$\mu = \mu_0 \exp(C_4 F_v) \tag{3-29}$$

式中：μ_0——油品初始黏度，cP；

C_4——常数：轻油取 1，重油取 10；

F_v——浮油的油品蒸发率。

Mackay 等提出的指数增长关系式在溢油模拟中应用了很多年，该式是从实验室数据中推导出的，适用于重质原油。

(5)岸线吸附过程

溢油到达岸线后的归宿状态取决于油品特性、岸线类型和环境能量状态。油品在到达岸线后，风化作用会继续。然而，岸线吸附过程的附加过程非常重要，如再上浮、渗透入底质以及在地下水系统中的滞留和迁移。被着岸油污渗透的底质还可能由于侵蚀作用而成为近岸水域的沉积物。Oilmap 模型可模拟上述油污在岸滩区域迁移转化的过程。

Oilmap 的水-陆网格的每个岸线单元包含了表征不同油污滞留能力的岸线类型信息。网格生成程序允许用户给岸线单元网格指定岸线类型。当油粒子到达岸线后，发生沉降；当岸线的滞留能力达到饱和后，沉降过程停止。此后到达已经饱和的岸线单元格的油粒子将不再滞留在岸线上。

四、环境信息与溢油模型的集成

溢油预测模型的正常运行需要大量的基础数据，主要包括气象海况数据、地形数据和事故现场数据三大类,环境信息与溢油模型数据的输入输出关系如图3-3 所示。溢油模型运行需要的数据分析见表3-2。

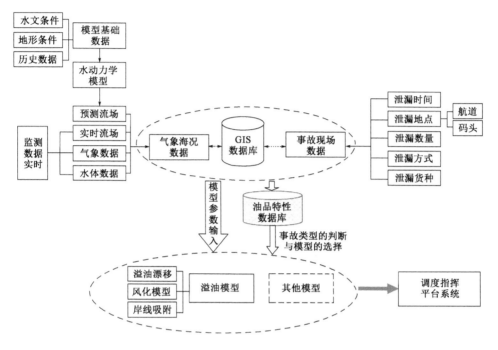

图 3-3　环境信息与溢油模型数据的输入输出关系

模型运行的基本数据需求分析　　　　表3-2

序号	类别	名称	数据格式	来　源
1	气象海况	潮流场	二进制格式、文本格式、NetCDF 格式	(1)实测资料; (2)水动力模拟预报,如 MIKE、Delft3D、POM、FVCOM、ECOM 等潮流模型
		风场	二进制格式、文本格式、NetCDF 格式	(1)实测资料; (2)风场模拟预报,如 MM5、WRF 等风场预报模型
		温度	文本格式	实测或预报
2	地形数据	岸线	(1)GIS 地图格式,如 mif、shp等; (2)文本格式、二进制格式	(1)通过 GIS 获取岸线图形数据; (2)在地图基础上生成网格图,并保存在文本或二进制文件中
		海底地形	文本格式、二进制格式	获取数据后经过预处理,并定期更新

续上表

序号	类别	名称	数 据 格 式	来　源
3	事故数据	泄漏参数	泄漏时间、泄漏地点、泄漏方式、泄漏污染物	人工获取、AIS 数据自动接入、监测数据自动获取等
		污染物的物化特性	溶解性、黏度、饱和蒸汽压等参数	建立污染物数据库并定期更新

（1）气象海况信息

气象海况信息主要包括潮流场、风场和水体温度，其中水体温度可为一个数据，无须进行数据格式转换。潮流场和风场则属于具有时间属性的多维矩阵数据，通常可由各种不同的手段获取，可以是实测数据或模型预测的预报数据。

NetCDF（Network Common Data Format）是一种面向数组型数据、适于网络共享且跨平台的数据格式描述和编码标准，同时是一组软件函数库（接口），支持多维数据创建、访问及共享等操作。文件最初的目的是存储气象科学中的数据，由于其具有灵活性，能够传输海量的面向阵列（array-oriented）数据，目前已经成为诸多数据采集软件生成文件的格式，被广泛用于陆地、海洋和大气科学。例如，NCEP（National Centers for Environmental Prediction，美国国家环境预报中心）发布的再分析资料，NOAA CDC9（气候数据中心）发布的海洋与大气综合数据集（COADS）均采用 NetCDF 作为标准❶。

在 OSER3D 中，潮流场和风场由 FVCOM 潮流预报模型和 WRF 风场预报模型分别自动预报 48 小时数据，系统自动将数据转换成 NetCDF 的标准格式，并可供 OSER3D 系统平台直接读取。为确保系统数据输入接口的开放性，系统建立了溢油模型可读取的 NetCDF 数据格式标准，当采用其他来源的水动力预报模型或开源代码生成流场或风场数据时，可根据数据标准进行自由转换。

（2）事故数据

事故数据包括泄漏时间、泄漏地点、泄漏方式、泄漏污染物等泄漏事故现场数据，由事故现场报告直接生成。系统建立可能的泄漏污染物，并在综合数据库中建立可能泄漏污染物的数据库，包括溶解性、黏度、饱和蒸汽压等各类模型计算需要的参数，可自动读取。综合数据库中的污染物理化特性参数保留开放接口，可在系统界面进行修改、增加、删除等操作。

❶ 孙建伟,孙昭晨,陈轩,等. NetCDF 格式数据的创建及应用[J]. 交通标准化,2010(226):31-33.

第四章

多属性决策支持数据库的构建

第一节　数据库框架结构

一、总体架构

多属性决策支持数据库是水上溢油应急决策支持系统的基础,为决策支持提供各类必需的数据,包括用户数据库、场景和案例数据库、应急力量数据库、敏感资源数据库、预报流场和风场数据库、GIS 数据库和支持性数据库等 7 类子数据库,如图 4-1 所示。

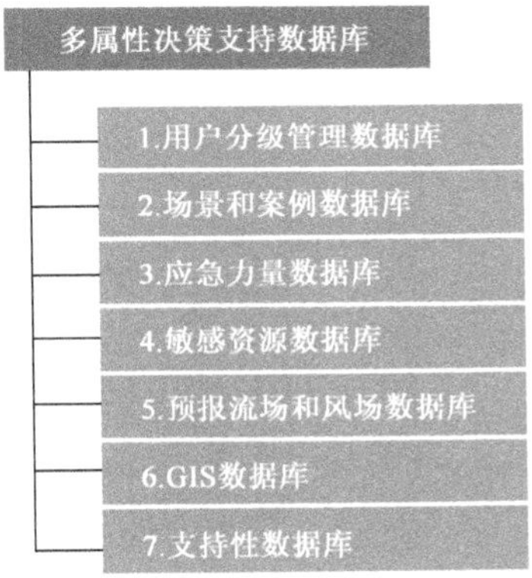

二、子数据库构成

1. 用户分级管理数据库

水上溢油应急决策支持系统的用户可能包括海事管理机构、港口管理部门、港航企业、船舶污染清除单位及其他参与水上溢油事故应急救援的单位和个人。从系统安全性考虑,将用户分为超级管理员(可进行开发工作)、组管理员、组内用户、一般用户和访客,如图 4-2 所示。

2. 场景和案例数据库

在水上溢油应急决策支持过程中,溢油漂移和轨迹预测、可能受影响的环境敏感资源、可提供支援的应急力量等均受到地理范围的限制,因此系统通常为满

多属性决策支持数据库

1. 用户分级管理数据库

2. 场景和案例数据库

3. 应急力量数据库

4. 敏感资源数据库

5. 预报流场和风场数据库

6. GIS数据库

7. 支持性数据库

图 4-1　多属性决策支持数据库总体结构

足某次或某个水域范围内溢油事故应急处置决策支持需要,细化和完善上述应急决策支持数据。该子数据库包括历史溢油事故案例、事故场景库和模拟案例库,如图4-3所示。

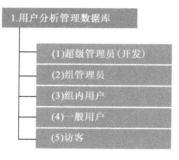

图4-2　用户分级管理数据库

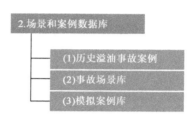

图4-3　场景和案例数据库

3.应急力量数据库

应急力量数据库按照本书第二章的分类,建立数字化的应急力量库,主要包括应急设备库、监视监测网和应急队伍,其中每个应急设备库还包括应急船舶、飞机和车辆以及围控导流、机械回收、分散消油、卸载等应急设备,如图4-4所示。

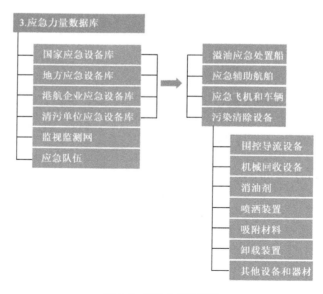

图4-4　应急力量数据库

4.敏感资源数据库

按照溢油的危害程度和遭受污染的可能性,将环境敏感资源大致分为生态资源、人类活动资源和岸线资源。在实际应急防备和应急处置过程中,通常以海洋功能区划、近岸海域环境功能区划等当地政府发布的文件为依据划定环境敏感资源的范围,主要分类如图4-5所示。

5.预报流场和风场数据库

预报流场和风场是溢油漂移轨迹和归宿模型的驱动数据,是水上溢油应急决策支持系统的核心基础数据,来源于专门为系统自建的数值模型预报数据,或者来源于海洋数据信息共享平台发布的数据。一般而言,一个特定的水上溢油应急决策支持系统应建立专门的预报模式组合,其预报精度和模拟时长应能够与决策支持系统的技术要求相符合。目前比较常见的组合模式有 FVCOM + WRF、GFS + NAVYHYCOM 等,如图4-6所示。

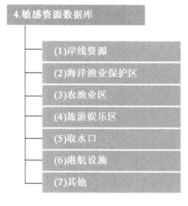

图 4-5　敏感资源数据库　　　　图 4-6　预报流场和风场数据库

6.GIS 数据库

基础地理数据主要分两类:一是多比例尺矢量图数据,二是多分辨率影像数据。多比例尺矢量图数据内容主要包括各级行政区划数据、岛屿数据、岸线数据、S57海图等。多分辨率影像数据主要包括多分辨率卫星影像数据、多分辨率航空遥感影像数据等。在各类基础地理图层的基础上,根据不同的决策需求,系统可进一步集成显示船舶自动识别系统、船舶交通服务系统、浮标位置及各类实时动态的船舶和水面污染物相关监测信息,如图4-7所示。

7. 支持性数据库

支持性数据库主要包括污染物特性数据库和船型数据库等。污染物特性数据库包括水上溢油事故常见油品的种类及其属性等方面的数据。属性包括油种、化学品的物理和化学特性,如发生油水混合的难易程度、漂移速度、蒸发效率等影响溢油在海上的行为和归宿方面的参数。船型数据库为油船、化学品船、杂货船、散货船、集装箱船等不同船型的分吨级船舶参数,用于估算船舶溢油量和现场辅助应急决策,如图4-8所示。

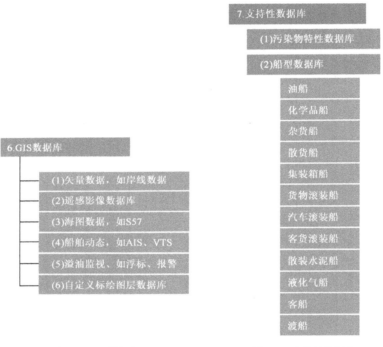

图 4-7　GIS 数据库　　　　　图 4-8　支持性数据库

第二节　敏感资源数据库

一、资源分类

环境敏感资源是指所有可能受到溢油影响的资源,包括生态资源、水产资源、旅游资源、滨海工矿企业等。环境资源的具体内容和范围在不同的要求下有一定的标准,主要从溢油应急决策的角度考虑,关注的重点为保护区、生态资源、渔业资源和旅游资源等。这些资源可以按照生态资源、人类活动资源和岸线资源划分。这种划分没有严格的界限,而是归类的角度不同。部分情况下,生态资源、人类活动资源和岸线资源所包含的资源种类是很难独立区分的。

1. 岸线资源

岸线资源主要通过岸线类型进行描述和划分,它所包含的资源种类既有生物资源,也有人类活动资源。岸线类型是根据岸线结构、岸线形态、岸线对海浪及潮流的开阔/遮蔽程度以及附近生物的溢油敏感性确定的。岸线结构主要指岸线的外部形态,通过岸线的坡度大小把岸线划分为平坦、斜坡和峭壁等。岸线对海浪及潮流的遮蔽程度由岸线划分为暴露的、半暴露的、半遮蔽的、遮蔽的等几种类型。岸线类型直接影响生物种群的生产繁衍和人类活动,所包含的具体资源种类也非常广泛。如果将人类活动资源具体化,它可以包括港口工业、居民区、水产养殖、水产捕捞、旅游业及其他特殊用途等,如图4-9、图4-10所示。

图4-9 水产养殖岸线　　　　　　　图4-10 滩涂岸线

2. 生态资源

生物资源不仅包含溢油敏感生物,而且包含这些敏感生物的栖息地以及各级自然保护区。易受溢油影响的生物种群涉及范围很广,在任何时候都会涉及很大的区域。这些种群在特定时间、特定区域对溢油特别敏感,包括其栖息地、觅食场、产卵场和洄游路线等很容易受到溢油的威胁。其他对溢油敏感的动物聚集区如斑海豹海岸活动区和迁徙鸟类集中的岛屿,繁殖区如海鸟的产卵地和鱼类的产卵场,生物重要的迁徙路线,珍稀濒危物质的生存区等,如图4-11、图4-12所示。

图 4-11　珍稀鸟类保护区

图 4-12　岛屿和海洋保护区

3. 人类活动资源

人类活动资源包括人类开发、利用的所有资源。这些资源可以分为三类：高利用率的娱乐岸线及其通道，如海湾、娱乐性海滩、垂钓区和浅水区；资源存取地，如水产站点、生活或商业性渔场、原木积存地、租赁采矿点和取水口；水上或岸上各种考古、历史和文化遗迹，包括坐落在潮间带或接近岸上容易被应急作业人员破坏的具有特殊风险的文化遗迹等，如图 4-13、图 4-14 所示。

图 4-13　沙滩浴场

图 4-14　港口码头岸线

二、溢油对资源的敏感性

所谓环境敏感资源的溢油敏感性是指溢油及应急反应过程中该资源遭受破坏的程度，受三方面因素影响：①溢油对该种资源的危害性；②该种资源受溢油影响的可能性；③资源本身的重要性。

1. 溢油对敏感资源的危害

油污对环境资源的危害主要有物理作用和化学作用两种形式，物理作用是指溢油的物理性质导致溢油在与环境资源接触后,使环境资源的外部形态、景观或构成发生变化,从而破坏了环境资源的正常功能,降低了环境资源的原有价值;化学作用是指溢油的化学成分导致了它在与环境资源接触后对其中的生物体产生毒害作用,进而导致生物的死亡,使原有资源遭受破坏。对不同类型和功能的环境资源,其危害方式也不相同。溢油对环境资源的危害性直接决定了资源的敏感性,一般而言,可能遭受的危害性越大,该类资源的溢油敏感性越高。

(1)旅游资源及其他与人类活动(非水产类)相关的环境资源

对这类资源的影响主要是溢油的物理作用,溢油本身的颜色、气味和黏附性使资源受到破坏。例如:

①对海滨浴场、沙滩、滨海公园等旅游景观产生污染,使之无法正常营业;

②对码头、船舶、船坞等滨海工业产生污染,使之无法正常运营;

③对电厂等设施的给水口造成威胁,影响附近社区的正常供电;

④对鱼具、网具等捕捞设备造成损坏,影响渔民的生产作业;

⑤对海岸线造成污染,使之丧失原有的一些功能。

(2)生物资源、水产资源

溢油对该类资源的危害主要指溢油对生物体的破坏作用,既包括物理作用,也包括化学作用。溢油的这两种作用有时独立地对生物体产生影响,有时则共同对生物体产生危害。例如:

①溢油物理覆盖作用可使潮间带生物、浮游生物、水草等窒息死亡。

②溢油含有多种有毒成分,毒性的大小根据油种不同有所变化,溢油本身的这种毒性可使浮游生物等与之接触的生物中毒死亡。

③溢油在亚致死水平可使生物的免疫抵抗力降低,有可能诱发基因突变,使生物产生遗传性疾病和癌变。

④长期与低浓度水平的溢油接触,会使某类敏感生物死亡,导致生物群落结构破坏,海洋食物链的中间环节中断,进而导致生态系统的破坏。

⑤对水产资源而言,溢油除了能够杀死被养殖的生物外,低浓度的溢油还可能使海产品沾染油污的气味或味道,进而丧失食用价值,造成经济损失。

⑥溢油对海鸟具有特殊的危害性。它能破坏海鸟羽毛的结构,使其丧失防水能力,进而丧失飞行和捕食能力,最终死亡。

2.溢油产生危害的可能性

溢油产生危害的可能性是指事故发生后,溢油与环境敏感资源接触的可能性。事实上,不管溢油对环境资源的危害性多大,只要溢油与资源不接触,就不存在危害性,该资源的溢油敏感性也就无须考虑。

这种可能性包括两方面的内容,即时间上的可能性和空间上的可能性。例如,溢油对海鸟危害性很大,一般而言,由于海鸟生活在海面上或要在海面上觅食,在空间上与溢油接触的可能性很大,但如果要评价海鸟的溢油敏感性则要看这种海鸟的类型。如果是候鸟,一年之中只有特定的时间或季节才可能在该地区生活,因此,只有这段时间发生溢油它才可能受到危害,它的所谓溢油敏感性只有这时才能体现。再如,对于底栖生物而言,如果生活在潮间带,溢油有可能直接产生覆盖作用,使之直接中毒或窒息死亡,如果生活在潮下带地区,溢油则不会直接与之接触,只能通过水溶性组分沉降到海底才能危及底栖生物。因此,这两类底栖生物的溢油敏感性相差很大。所以说,环境资源的时间存在和空间分布直接影响其溢油敏感性的高低。

3. 环境资源的重要性

环境资源的重要性指资源本身的价值,它包括三个内容:经济价值、生态价值和特殊价值。

经济价值指资源被溢油污染后造成的经济损失,它取决于资源本身产生的经济收益、污染清理费用和资源的恢复费用。和人类活动有关的资源绝大部分都可以通过经济价值进行定量评估。例如,工厂、码头的停产损失,海滨浴场、公园的停业损失以及水产养殖场水产品的死亡损失,等等。

生态价值是指资源在生态系统中重要性,在食物链、食物网中的地位以及资源本身的特异性。它主要针对生物资源进行定性的评价。

所谓特殊价值主要关注环境资源的社会影响、政治影响。它包括一些具有特殊经济价值、特殊生态价值和重要军事价值的资源等。

三、敏感性指数

环境敏感资源的敏感性指数(Sensitivity Index,SI),是针对有可能受到溢油影响的环境资源,以资源本身的重要性为基础确定其敏感性,同时,适当考虑溢油可能造成的危害程度。因此,环境资源的敏感性主要取决于其本身的价值。具体而言,取决于资源本身的经济价值、生态价值和特殊价值。环境资源按其敏感程度分为 A、B、C、D 四类,其基本判定准则见表 4-1。

环境敏感指数分类及判定准则　　　　　　　　　　表 4-1

分类	敏感性指数	判定准则
A 类	非常重要资源,对溢油极为敏感	具有很高的生态价值,同时具有特殊价值的环境资源。例如,国家级的珍稀、濒危物种保护区等
B 类	重要资源,对溢油非常敏感	具有很高的生态价值或具有特殊价值的环境资源。例如,国家级的自然保护区、重要的生态资源保护区等
C 类	次重要资源,对溢油比较敏感	具有很高的经济价值的资源,包括一些重要的旅游风景区、重要的海珍品养殖区、省市级自然、地貌保护区等
D 类	一般资源,对溢油敏感性一般	—

四、优先保护次序指数

环境敏感资源的种类繁多,其敏感程度相差较大,如何在溢油应急反应中确定首先保护的敏感资源、如何保护,是应急决策的重要内容。环境敏感资源的优先保护次序指数(Priority Index,PI)则为应急处置过程中对于敏感资源保护的先后次序给出了指导原则。

确定环境敏感资源的优先保护次序有许多内容需要综合考虑分析,如资源的溢油敏感性及资源的社会和政治影响,也保护现行应急措施的可行性和有效性以及季节性因素,等等。

1. 环境资源的溢油敏感性

环境资源的溢油敏感性是影响其优先保护次序的一个重要因素。理论上环境资源的溢油敏感性越强,其获得的保护优先权就越大,保护次序越优先;反之环境资源的溢油敏感性越弱,其获得的保护优先权就越小,那么保护次序排列就越靠后,但实际情况并非如此。

例如,海水沼泽地带、红树林、淡水沼泽、盐沼等资源的环境敏感指数为 A,属于敏感性较强的环境资源,在包括我国在内的多数国家的应急计划中,这些资源被作为具有较大优先权的资源进行保护。

但是对于旅游码头来说,情况并非如此。旅游码头的溢油敏感性较低,为 D。从敏感性角度讲,该类资源获得的保护优先权较小。如果在旅游淡季发生溢油,其保护优先权与其本身的溢油敏感性是相对应的,但是如果溢油发生在旅游旺季,就会直接导致游客的减少,影响经济效益。因此,对于溢油敏感程度较低的旅游码头来说,在旅游旺季的保护优先权要比淡季大。在确定保护次序时就要充分考虑这一具体情况。也就是说,在确定溢油敏感资源的优先保护次序时,在充分考虑溢油敏感性这一因素的同时必须综合考虑其他因素。

2. 环境资源可能产生社会和政治影响

环境资源的社会影响和政治影响也可称为资源的特殊价值,它体现在特殊的经济价值、特殊生态价值和主要的军事价值方面。这些资源或许溢油敏感性不强,但它遭受溢油污染会带来很大的社会影响和政治影响,那么在确定敏感资源保护次序时就必须考虑这一因素。

例如,海水浴场在夏季被溢油污染,会带来较大的社会影响。因此,夏季它具有较大的优先保护权,而冬季其优先保护权相对小一些。但是浴场冬季的保护优先权不能只考虑浴场本身的价值,如浴场周边承办国际会议,该海水浴场及附近岸线在这个时节被溢油污染,会带来较大的政治影响。因此该资源在冬季会具有与其在夏季同样的保护优先权。

3. 现有应急措施的可行性和有效性

现有应急措施的可行性和有效性依托于清除溢油的可能性以及对敏感区保护的实际效果。比如,红树林和湿地等对溢油敏感性很强的环境资源,如果被溢油污染,现行的应急技术很难清除溢油。对于被溢油污染的红树林,现行的应急技术不可行,对于湿地清除其溢油可能会带来更大的损害。因此,为了避免对这类资源的溢油污染,必须事先制订防止污染的保护性措施。从该类资源的溢油敏感性和应急措施的可行性及有效性两方面因素看,该类资源都应具有最大的保护优先权,其保护次序应为最优先。

4. 季节性因素

由于有的环境资源在不同季节的溢油敏感性不同,其本身的经济价值和生态价值也有所不同,并且同一种资源在不同季节人类对其的开发利用程度也有可能不同。因此确定应急区域的敏感资源的保护优先权时,应分析季节带来的影响。例如,候鸟保护区、水生物种产卵场、岸线旅游资源等,在不同的季节受到的影响程度区别很大。

5. 优先保护次序分类

确定环境敏感资源的优先保护次序的方法,是将资源的经济价值和生态价值分别分为高、中、低三档,将特殊价值分为有、无两类,分别进行归类评估,最后综合考虑环境资源三类价值的高低进行分类,从而确定其保护次序。影响资源保护次序的诸多因素在评估各类资源的经济价值、生态价值及特殊价值时应作综合考虑。

目前,确定优先保护次序还没有统一标准,各个国家和地区对资源的保护次序也不相同,应根据基本原则和当地环境敏感资源分布情况确定。通常,可以简单地将敏感资源优先保护次序分为Ⅰ~Ⅲ类。Ⅰ为非常重要,Ⅱ为重要,Ⅲ为一般,见表4-2。

敏感资源优先保护次序   表4-2

分类	重要性	敏感程度	资源价值	保护次序	资源举例
Ⅰ	非常重要	极为敏感	很高的生态价值和很高特殊价值	最优先或优先保护	国家级珍稀、濒危物种保护区
Ⅱ	重要	非常敏感	很高的经济价值	优先或最优先保护	省级自然保护区、重要的旅游风景区
Ⅲ	一般	一般	一定生态价值和经济价值	需要保护	码头设施、滨海工矿企业

五、岸线环境敏感指数

1. 岸线环境敏感指数确定原则

岸线环境敏感指数(Environmental Sensitivity Index,ESI)是 NOAA 有毒物品反应评估处研制的用于美国沿海和大湖地区溢油应急反应敏感图制作的岸线敏感性指数。1979 年墨西哥湾 IXTOC 1 油井泄漏事故发生的前几天,首张环境敏感指数图诞生❶。此后,环境敏感指数图成为美国溢油应急规划和应急反应不可或缺的组成部分。环境敏感指数图的地图集覆盖了美国的大部分海岸线,包括阿拉斯加和大湖区岸线。总体来说,环境敏感指数图包括以下三类信息:

(1)岸线类别。根据岸线对油污的敏感程度、油污滞留特性和油污清除难易程度,按一定标准划分的岸线环境敏感分级指数。

(2)生物资源。生物资源包括对油污敏感的动物、稀有植物和栖息地,如沉水植被和珊瑚礁。

(3)人类活动资源。人类活动资源指由于被人类开发和利用而附加了敏感性和价值的特定区域,如沙滩、公园、海洋保护区、取水口以及文化遗址等。

其中,用于岸线环境敏感性分级的 ESI 指数原则上把岸线分为 10 级,即 ESI

---

❶ NOAA Ocean Service. Environmental Sensitivity Index Guidelines Version 3.0[R]. NOAA Technical Memorandum NOS OR&R 11,Seattle,Washington,2002.

有 1～10 级,敏感性逐步增大,同时,不同 ESI 级别分别代表不同岸线类型。另外,在应急处置过程中,对应不同的 ESI 数值,有相应的处理对策措施❶。由于 ESI 指数使用早,分类系统完整,采用的国家较多,影响较大,所以 ESI 在某种程度上可视为一个标准。

NOAA 完整的 ESI 岸线分级标准包括四种岸线类别:河口、湖岸、河岸和沼泽,详见表 4-3 和表 4-4。典型岸线如图 4-15❷所示。

河口、湖岸和河岸等 ESI 分级标准 表 4-3

ESI	河 口		湖 岸	河 岸
1A	暴露的岩石海岸		暴露的岩石湖岸	暴露的岩石河岸
1B	暴露的固体人工构筑物		暴露的固体人工构筑物	暴露的固体人工构筑物
1C	暴露的岩石平台		暴露的岩石平台	暴露的岩石平台
2A	暴露的位于岩基、泥或黏土上的海蚀平台		露滩的岩基湖岸	岩石沙洲、岩基暗礁
2B	暴露的陡坎和陡坡,黏土质		—	—
3A	细～中粒沙滩			
3B	陡坎和陡坡,沙滩质		侵蚀陡坎,松散沉积物	暴露的侵蚀河岸,松散沉积物
3C	苔原峭壁		—	—
4	粗粒沙滩		沙滩	沙质缓坡浅滩
5	沙与砾石混合海滩		沙与砾石混合湖滩	沙与砾石混合的缓坡浅滩
6A*	(1)砾石海滩 (2)砾石海滩(颗粒和鹅卵石)		砾石湖滩	砾石缓坡浅滩
6B*	(1)抛石 (2)砾石海滩(鹅卵石和石块)		抛石	抛石
6C*	抛石		—	—
7	暴露的潮间带		暴露的潮间带	
8A*	(1)掩蔽的位于岩基、泥或黏土上的陡坎 (2)掩蔽的岩石海岸(非渗透)		掩蔽的位于岩基、泥或黏土上的陡坎	—

❶ 牟林,赵前.海洋溢油污染应急技术[M].北京:科学出版社,2011.
❷ IPIECA·IMO·OGP. Sensitivity mapping for oil spill response[R]. OGP Report Number 477, July 2012,https://www.ipieca.org/.

续上表

ESI	河　口	湖　岸	河　岸
8B①	(1)掩蔽的固体人造构筑物 (2)掩蔽的岩石海岸(可渗透)	掩蔽的固体人造构筑物	掩蔽的固体人造构筑物
8C	掩蔽的抛石	掩蔽的抛石	掩蔽的抛石
8D	掩蔽的岩砾海岸	—	—
8E	泥炭海岸线	—	—
8F	—	—	有植被覆盖的陡坡断崖
9A	掩蔽的潮间带	掩蔽的沙坪、泥坪	—
9B	低植被海岸	低植被湖岸	低植被河岸
9C	高盐潮间带	—	—
10A	海水沼泽	—	—
10B	淡水沼泽	淡水沼泽	淡水沼泽
10C	沼泽地	沼泽地	沼泽地
10D	(1)灌木丛湿地 (2)红树林	灌木丛湿地	灌木丛湿地
10E	淹没低洼苔原	—	—

注:①该分类只适用于阿拉斯加东南部海域。

沼泽 ESI 分级标准　　　　　　　　　　　　表 4-4

ESI	沼　泽
10B	淡水沼泽
10C	沼泽地
10D	灌木丛湿地

图　4-15

图 4-15　典型岸线

2. ESI 在国内外的应用情况

1976 年,Michel 等人❶在库克湾的研究中首次提出了海岸环境图件及按照相对敏感程度分级的概念,此后岸线分级被逐渐细化并覆盖了美国北部、中部和东部部分岸线类型。目前,NOAA 在其环境应急管理平台❷中集成了静态和实时数据,包括 ESI 岸线环境敏感指数图、船位、气象和潮流等信息,给环境应急反应人员和决策人员一个集成化且易于使用的平台。在 NOAA 的网站上为公众提供 ESI 岸线环境敏感指数图集的下载服务。从 1989 年起,美国的环境敏感指数图集开始结合 GIS 进行制作和管理,在信息的管理、更新和传递过程中更加方便。ESI 岸线敏感性指数图已经在美国得到了广泛应用。

我国在 20 世纪 90 年代开始引进 ESI 岸线环境敏感指数图,如李筠等人❸利用地理信息系统制作了包含 ESI 指数的环境敏感图,并成为珠海港溢油应急计划的重要组成部分;乔冰等人❹研制的深圳溢油应急智能信息系统中引入了 ESI 指数;张卫等人❺研究了 ESI 指数的分级方法;陈荣昌等人❻将 ESI 应用于胶州湾溢油应急对策研究。

第三节　溢油应急处置船及污染清除设备数据库

一、应急船舶

应急船舶包括溢油应急处置船和辅助船舶。溢油应急处置船是指具有溢油围控、回收与清除、临时储存、消油剂喷洒、应急辅助卸载和污油水处理等功能的专业船舶。对船舶污染清除单位而言,溢油应急处置船设计航速应不低于 12 节,保证具有 3 节以下的作业航速能力,并至少满足沿海航区的适航要求。一级

❶ MICHEL J,HAYES M O,BROWN P J. Application of an oil spill vulnerability index to the shoreline of lower Cook Inlet,Alaska. [J]. Environmental Geology,1978 ,2(2):107-117.

❷ Environmental Response Management Application(ERMA). Basic User's Guide[W]. http://response. restoration. noaa. gov,2014-4-28.

❸ 李筠,赵前,吴勇. 环境敏感图在珠海港溢油应急计划中的应用[J]. 水运科学研究所学报,1998(3):52-58.

❹ 乔冰,赵前,赵平,等. 深圳溢油应急智能信息系统(OSERIIS 2000)研制[C]. 中国航海学会 2001 年度学术交流会论文集,2001:101-105.

❺ 张卫. 基于 FCM 与 GIS 的溢油敏感资源分级方法探析[R]. 中国科协 2009 年海峡两岸青年科学家学术活动月——海上污染防治及应急技术研讨会论文集,2009:336-339.

❻ 陈荣昌,李涛,赵前. 岸线环境敏感指数图在胶州湾的应用研究[J]. 中国水运,2014(6):55-57.

单位溢油应急处置船污油水舱储能力不低于 500m³,二级单位溢油应急处置船污油水舱储能力不低于 300m³。辅助船舶则种类较多,单艘船舶可具备一种或多种应急处置或辅助功能,如围油栏拖带、布放、清污作业、物资运输、油污临时储存、海上交通、应急指挥、现场监测等辅助功能。

按照应急决策支持的支撑数据需求,在应急处置船舶及污染清除设备数据库中,每一种应急设备均赋予两类信息字段,一是常规字段,二是决策字段。应急船舶的数据库字段定义如图 4-16 所示。

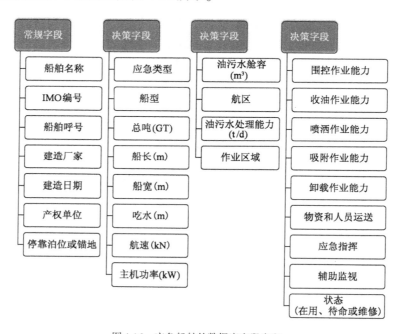

图 4-16   应急船舶的数据库字段定义

二、围控设备

围油栏是最主要的围控设备,用于围控水面浮油及漂浮物的机械漂浮栅栏。围油栏的设计种类繁多,至今尚无统一的分类。根据不同的分类方法可以将围油栏分成不同类别,如根据自身材料不同可以将围油栏分为普通型围油栏、防火型围油栏和吸附性围油栏。根据使用地点不同可以将围油栏分为远海型围油栏、近岸型围油栏、岸线型围油栏和河道型围油栏。根据围油栏抗风浪、潮的性能不同,又可将围油栏分为轻型、重型两种。围油栏的主要作用是水面溢油的围控和导流。围油栏数据库字段定义如图 4-17 所示。

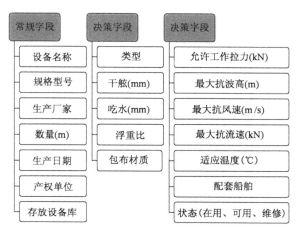

图 4-17　围油栏数据库字段定义

应急过程中,根据油种、使用水域等条件,确定使用不同类型的围油栏。其中,"类型"字段可以选择充气式围油栏、固体浮子式围油栏、栅栏式围油栏、外张力式围油栏、岸滩围油栏、防火围油栏、吸油围油栏、快速布放围油栏、其他类型围油栏。

三、机械回收及临时储存设备

1. 机械回收设备

机械回收设备主要包括收油机和收油网两类。收油机又称"撇油器",是一种使用机械原理回收水面油污、油水混合物及其他漂浮类油污染物的机械设备。按工作原理和操作环境,其主要分为四类:堰式收油机、表面亲油型收油机、流体动力型收油机和其他类型收油机。

对水面上乳化的溢油、受垃圾污染的溢油和高黏度溢油,特别是在寒冷季节的高黏度溢油,用收油机难以回收,使用收油网可以达到较好的效果。收油网是回收水面高黏度浮油、焦油球、巧克力冻状油的设备,使用时收油网外力拖带下行走,水面上的块状溢油被围油栏导引到收油网,水和油一起进入集油网,但水通过集油网的网孔流走,而块状溢油留在网内。按照拖带外力的不同分为船用收油网和人工收油网。

2. 临时储存设备

在溢油回收作业中,回收油的存储和转运也非常关键。目前一般利用临时储油囊、储油罐、船舶油舱对回收溢油进行储存。

　　浮动油囊是一种可漂浮在水面并可拖带的柔性储液容器。在溢油应急行动中用作水面储存和运输油的工具。浮式储油囊用橡胶材料制成,并有气室可以充气,以作为浮体使油囊漂浮;油囊端部有拖头,可使船舶拖拉油囊,容积一般为 $5 \sim 200\text{m}^3$。

　　轻便储油罐是一种可以在陆地和岸滩上应急使用的轻便型储油容器,具有携带方便,安装便捷的特点。可储存回收的溢油和多数其他液体,可用作重力分离罐、实验水池。浮式储油囊用橡胶材料制成,并有气室可以充气以作为浮体使油囊漂浮,容积一般为 $5 \sim 20\text{m}^3$。

　　机械回收设备数据库字段定义如图 4-18 所示。

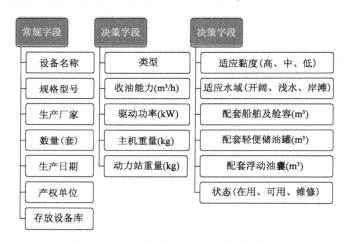

图 4-18　机械回收设备的数据库字段定义

各种类型的收油机适用的水域、油类类型情况见表 4-5。

表 4-5

收油机适用的水域、油类类型情况

收油机类型	堰式	盘式	刷式	带式	真空式	绳式	动态斜面式	机械式	收油网
开阔水域	√	√	√	√		√			√
浅水水域	√	√			√	√	√	√	
岸滩水域					√	√			
高黏度油			√	√			√	√	
中黏度油	√	√							
低黏度油	√	√			√	√	√		

注:"√"代表适用。

四、溢油分散剂

溢油分散剂是一种改变海面溢油物理形态的化学物质,由表面活性剂和有助于渗透作用的溶剂构成的一种混合物。表面活性剂能降低油膜的表面张力,加快了小油滴的形成并能抑制油滴的聚合。油分散后增大了油水界面,也增大了油与水中溶解氧和细菌的接触机会,提高了生物降解速率。溢油分散剂通过将油分散至水中,主要起到如下作用:①阻止风对油膜运动的作用(通常是向岸风),因此分散剂能对那些易受油影响的海岸和敏感区域起到保护作用;②在油被分散的区域,增加了海洋生物对油的暴露程度,因此溢油分散剂的使用可能会导致局部受污染水域的毒性增强;③提高油在海洋环境中的生物降解速度,油经分散后提高了油水界面,有利于提高油的生物降解能力。溢油分散剂按其所含表面活性剂和溶剂的比例,可分为常规型(也称普通型)和浓缩型。

常规型分散剂的表面活性剂含量为15%～25%,在使用前不用稀释,使用比率(分散剂∶油)在1∶1至1∶3之间。浓缩型分散剂的表面活性剂含量一般在50%以上,以酒精或乙二醇为溶剂,处理高黏度油效果差,使用时可直接喷洒,也可以与海水混合喷洒,使用比率(分散剂∶油)在1∶10至1∶30为宜。实际应用中,常规型溢油分散剂最少为溢油量的20%,以30%～40%为好,而有时在处理黏度小或薄油层时耗量更可达到溢油量的100%。

除了传统的溢油分散剂外,还有可生物降解的环保型消油剂。溢油分散剂数据库字段定义如图4-19所示。

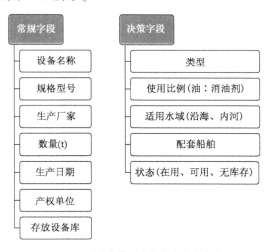

图4-19　溢油分散剂的数据库字段定义

五、喷洒装置

溢油分散剂喷洒装置主要进行溢油分散剂的喷洒。溢油分散剂喷洒装置用于喷洒具有一定浓度的溢油分散剂,使水面上的溢油分散或聚集增厚或凝固,改变溢油在海洋环境中的存在形态,从而降低溢油在水体中的污染程度,减少溢油污染,通常用在开阔的海上。分散剂既可以从飞机上喷洒,也可以从船上喷洒。固定翼飞机和直升机可以用来进行空中分散剂喷洒,几乎所有的船舶都能用来喷洒消油剂,同时可以人工实现消油剂的喷洒。按照使用方式不同将分散剂喷洒装置分为空中喷洒设备、船用喷洒装置和人工喷洒装置。

喷洒装置数据库字段定义如图4-20所示。

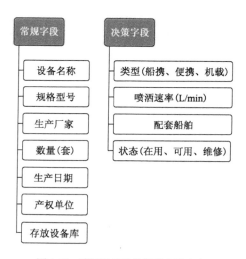

图 4-20　喷洒装置的数据库字段定义

六、吸附材料

利用吸附材料回收海面溢油,是目前世界各国经常采用的一种简单且有效的技术方法,在有效回收吸附材料的前提下,该方法不产生二次污染。在溢油应急行动中,不论溢油种类和发生地点,溢油吸附材料几乎是最常用的回收措施。吸油材料主要包括吸油毡、吸油拖栏和吸油索等,其材质类型主要分为天然有机材料、人造合成材料和无机材料等。人工合成材料是使用最为广泛的吸附材料,一般采用片状、卷状或绳状。

吸附材料数据库字段定义如图4-21所示。

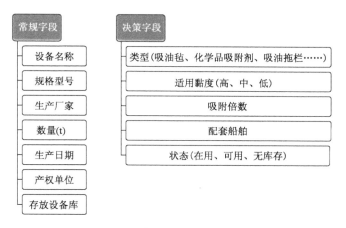

图 4-21　吸附材料的数据库字段定义

七、卸载装置

应急卸载设备包括应急卸载泵、水下钻孔机、高压蒸汽锅炉等,其中应急卸载泵是应急卸载中的关键设备,水下钻孔机和高压蒸汽锅炉类型较单一,是应急卸载的配套设备。应急卸载泵主要用于回收海上大面积溢油和卸载事故船燃油舱及货油舱的存油。泵的类型按其工作原理主要分为叶片式泵、容积式泵和其他泵。目前,船舶溢油事故中常用的应急卸载泵主要为离心式和转子式应急卸载泵。

卸载装置数据库字段定义如图 4-22 所示。

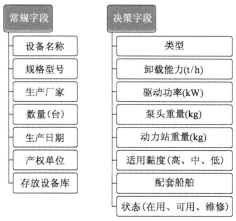

图 4-22　卸载装置的数据库字段定义

八、应急设备库

围控设备、机械回收及临时储存设备、溢油分散剂及喷洒装置、吸附材料、卸载装置在应急防备中,均存放于各类应急设备库中。应急设备库数据库字段定义如图4-23所示。

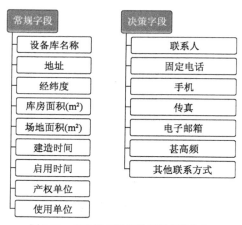

图4-23　应急设备库的数据库字段定义

第四节　支持性数据库

一、污染物数据库

污染物数据库包括常见的水运油品种类和船舶燃油种类的污染特性参数,数据库字段定义如图4-24所示。

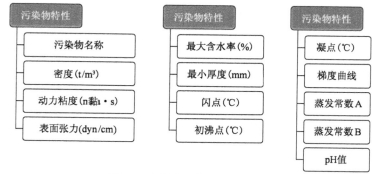

图4-24　污染物的数据库字段定义

二、船型数据库

通常,事故船型的数据可以通过事故报告或 AIS 数据结合船舶数据库获得。在特殊情况下,如 AIS 失效、恶劣海况、肇事逃逸等,船型数据可参照现行《海港总体设计规范》(JTS 165)的设计船型尺度获得,以用于估算溢油量和制订应急处置方案,如图 4-25 所示。

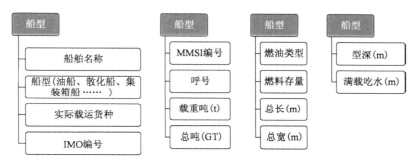

图 4-25 船型数据库字段定义

第五章

典型决策支持与调度指挥平台研发

第一节 平 台 简 介

基于三维 GIS 的海上溢油应急决策支持与调度指挥平台(Oil Spill Emergency Response Based on 3D, OSER3D),是国家科技支撑计划"智能化水面溢油处理平台及成套装备研制"项目的"海上重大溢油事故应急调度指挥集成技术研究"课题(2012BAC14B07)的重要成果之一。OSER3D 系统包括五个子系统,分别为:

(1)多元信息——"溢油应急多元海量信息采集与处理系统"。

(2)预测预警——"监视监测信息与预测预警模型动态集成"。

(3)应急资源——"溢油应急资源动态管理系统"。

(4)决策指挥——"应急决策与调度指挥系统"。

(5)演习演练——"重大海上溢油处置可视化演习演练仿真系统"。

其中,多元信息、应急资源、预测预警、决策指挥、演习演练为独立开发,但均无缝集成到 OSER3D,成为一个有机的系统平台整体。OSER3D 以深圳海域为试点开展了应用,平台各个系统间的相互关系如图 5-1 所示。OSER3D 在多属性决策支持数据库的基础上集成了五个子系统和一个网络平台,OSER3D 在技术上具有如下的创新性。

(1)高度集成化。

高度集成化实现了多元信息、应急资源、预测预警、决策指挥、演习演练等业务功能系统的集成,集成了单机系统和网络系统,通过综合数据库实现了 C/S 架构和 B/S 架构的集成化协同工作。

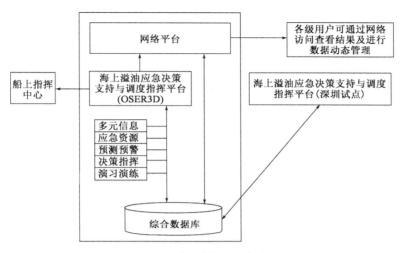

图 5-1　各系统间相互关系

（2）异构数据融合。

异构数据融合包括静态数据（地图信息、敏感区域分布、应急设备库信息等）与动态数据（实时气象海况、溢油监视报警、船舶信息等）的数据融合,浮标实时观测信息与溢油预测信息的数据融合,S57 海图、GIS 地图（shp、mif 等）与卫星影像的数据融合;2D 数据和 3D 数据的融合。

（3）多元信息同平台显示。

GIS 平台通过地图库管理技术将多元信息（海图、卫片、实测信息、预测结果等不同源信息）在同一个 GIS 平台上实现无缝叠加同平台显示。

（4）智能化的决策过程。

OSER3D 形成了综合数据库动态更新、自动接收溢油报警、开展溢油预测预警及动态校核、事故预评估、决策方案生成、设备调配方案生成、通信联络、方案仿真及应急效果评估的一整套智能化决策过程,在事故发生后,在尽可能减少人工干预的前提下完成决策和调度过程,决策的大部分约束条件可通过系统自行生成或从 GIS 平台分析得出。

（5）开放式的 GIS 平台。

OSER3D 基于 NaviGIS 地理信息平台建立了多元信息、应急资源、预测预警、决策指挥等应用功能;GIS 平台通过地图库管理技术可实现 S57 电子海图、通用格式电子地图、卫片等的转换和显示,并有自建标绘图层功能,可在 GIS 平台自建各类用户实用图层,并与外部通用 GIS 软件实现数据自由转换;用户自建标绘数据库可建立点、线、面要素的图层,并可自定义属性数据的字段和内容;综合数据库向获得权限的用户开放,并可采取 C/S 或 B/S 客户端对数据库进行维护;OSER3D 的预测预警系统提供了开放式的模型接口,可接入通用 NetCDF 格式(网络通用数据格式)的潮流场文件,各类潮流预测模型输出结果经转换后可用于 OSER3D 系统。

(6)应急资源动态获取和管理。

在综合数据库中,建立设备库、应急船舶、应急飞机及各类应急设备的动态数据库,并在设备库、船舶、飞机、应急设备之间建立动态关联,每一设备均有在设备库中、可用、维修、在用等动态状态。应急资源的动态获取通过在 C/S 或 B/S 客户端取得不同授权的用户动态维护、智能决策和调度过程中的设备数据库的自动修正。应急资源的动态管理通过设备库 CCTV 监视、GPS 跟踪、决策过程中的状态自动调整、C/S 或 B/S 客户端的人工修改进行。

(7)敏感资源的多参数动态管理。

在敏感资源数据库中,建立了深圳东部岸线和西部岸线 ESI 指数、海洋渔业保护区、农渔业区、旅游娱乐区、取水口、港航设施及其他。其中,针对深圳东部和西部岸线,建立了分段岸线的 ESI、优先保护次序 PI 等敏感参数,并建立了多媒体数据库,用户可根据敏感资源的动态变化情况对敏感资源的空间信息和属性信息进行动态管理,C/S 或 B/S 客户端通过数据库动态修改。

(8)决策调度过程的三维可视化。

OSER3D 集成了演习演练系统,决策过程和调度过程可通过三维演习演练系统进行三维可视化。

第二节 平台功能模块

一、平台主界面

OSER3D 系统的五个子系统采用统一的海图界面。系统分为菜单区、图层控制区、图形显示区(主窗口)、波浪信息区、动画控制区、地图工具栏、多元信息工具栏、选择区、属性信息区,详见图 5-2。

二、图形显示窗口

主窗口海图显示采用 WGS84 坐标系,墨卡托投影实现全球电子海图无缝拼接显示。目前支持的数据格式有以下几种:

(1)S57 电子海图。

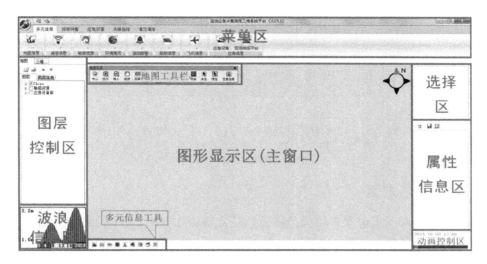

图 5-2　界面分区图

（2）VCF 电子海图。

（3）MapInfo 格式的电子地图。

（4）国际气象组织的 GRIB 气象数据。

（5）自标绘数据。

（6）GeoTiff 格式的卫星遥感影像图。

（7）ArcGIS 的 Shape 格式的电子地图。

三、多元信息

多元信息子系统包括 9 项二级菜单,分别是地图信息、遥感信息、敏感资源、环境海况、溢油报警、船舶信息、飞机信息、应急信息,如图 5-3 所示。

图 5-3　多元信息子系统

四、预测预警

预测预警子系统菜单可分为油品数据库、预测模型、风场和流场、应急措施、浮标校核等功能区,如图5-4所示。

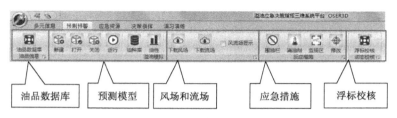

油品数据库　　预测模型　　风场和流场　　应急措施　　浮标校核

图5-4　预测预警子系统菜单

五、应急资源

应急资源子系统菜单为应急资源数据库动态采集和维护界面,包括应急设备库和应急队伍两大类,如图5-5所示。

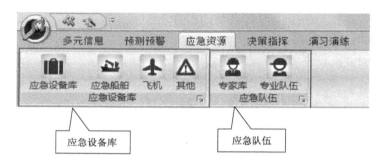

应急设备库　　　　　　　应急队伍

图5-5　应急资源子系统菜单

六、决策指挥

决策指挥子系统菜单为决策指挥功能界面,包括应急决策、指挥调度、动态仿真、应急效果评估和资料五大类,如图5-6所示。

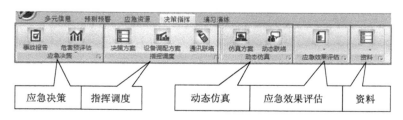

应急决策　指挥调度　　　动态仿真　　应急效果评估　资料

图5-6　决策指挥子系统菜单

第三节　基于 WebGIS 的应急系统研发

一、系统开发

溢油与化学品事故应急决策支持系统(Oil Spill and Chemical Accidents Decision Support System,OSCADSS)是在 OSER3D 的基础上研发的网络版系统。OSCADSS 在以 PortalGIS 为基础的 WebGIS 平台的基础上,采用紧密集成的方式,集成了经过融合的异构数据(静态数据与动态数据、实测数据与预测数据、矢量数据与栅格数据、2D 数据与 3D 数据),并可同平台无缝叠加显示。

基于 PostgreSQL 和 PostGIS 技术,OSCADSS 建立了应急模拟决策的多属性决策支持数据库,集成海图、GIS 图、敏感资源、应急力量、预报风海流场和其他相关数据;建立溢油漂移轨迹和归宿模型及溢油溯源模型,建立化学品迁移归宿模型;研发了溢油和化学品事故应急决策支持系统,并按照应急流程和技术支持需求,分为多源信息、预测预警和决策调度三大模块。基于云平台技术,研发 WebService 服务集,为各类终端提供应急决策支持服务。

二、系统人机界面

OSCADSS 的主要功能是水上溢油及危化品泄漏事故危害远程模拟预测预警、溢油溯源和智能应急决策,可为决策人员提供敏感资源保护、应急力量调度等处置方案以及对应急处置效果进行评估。OSCADSS 系统为基于 PostGIS 的 B/S 架构,在服务器端建立敏感资源、应急力量、风海流场、应急对策等数据库及溢油漂移和化学品泄漏迁移模拟的模型库,可接入多源监视监测、潮流场、风场等实时信息源。实现用户分级管理,可在各类终端用账号登录后无差别使用。

OSCADSS 登录界面如图 5-7 所示。

图 5-7　OSCADSS 登录界面

第六章

成效及展望

　　水上溢油事故清污费用高,一般占到溢油污染损害赔偿的一半以上,如2010年墨西哥湾溢油的清污费用可能达到几十亿美元。1989年埃克森·瓦尔迪兹号在美国阿拉斯加州附近海域触礁导致溢油,事故的清污费用高达25亿美元。清污成本较高的原因除了溢油清除难度大、海上情况复杂外,对溢油漂移趋势的判读不清、对周边溢油应急能力缺乏直观的判断,导致溢油应急力量不能在第一时间有效集中,也是造成清污行动效率低下、成本高企的原因。水上溢油应急决策技术的推广应用可科学优化调度和清污方案,提高溢油应急效率,使得有限的溢油力量得到最大效率的利用,以减少溢油扩散范围,避免溢油事故扩大,并缩短清污时间和清污投入。此外,采用水上溢油应急决策支持系统开展桌面演练替代海上演练,不仅可达到演练培训效果,而且可节省大量演习演练的经费。

　　除了清污费用外,溢油造成的经济损失、对环境生态的恢复费用等都是溢油损害赔偿的重要组成,如2010年墨西哥湾钻井平台溢油事故仅对旅游业就造成230亿美元损失,BP公司赔偿额度高达187亿美元。海上溢油事故造成的事故应急处置费用,水上溢油应急决策支持技术及系统平台的应用产生的间接经济效益是通过降低污染损害减低赔偿费,有助于及时发现溢油、查找源头、快速预测溢油漂移轨迹,优化敏感资源保护方案,从而降低经济损失和环境损害。

　　水上溢油应急决策支持技术及系统平台的推广应用可有效降低海上溢油事故危害、为国家战略和倡议提供海洋环境安全保障技术,并通过平台的开放共享为科研院校提供海上溢油应急相关的海洋环境保护科研和教育条件。决策支持技术及系统平台在应急指挥机构的应用可大幅度提高应急支持手段的数字化水平,有效遏制船舶污染事故的负面影响,提高应急处置成效。决策支持技术及系统平台也可用于防治船舶及其有关作业活动污染海洋环境应急能力建设规划的技术支持和应急预案的制定等,提高区域水上溢油事故的应急防备能力和水平。

因此,水上溢油应急决策支持技术及相关应用系统和平台具有广阔的推广应用和发展前景,可为海洋强国、长江经济带发展、21世纪海上丝绸之路倡议等提供海洋环境安全保障技术支撑。